이렇게 재밌는 화학, 왜 몰랐을까?

이렇게 재밌는 화학,
왜 몰랐을까?

초판 1쇄 인쇄 | 2023년 1월 05일
초판 1쇄 발행 | 2023년 1월 10일

글쓴이 | 천웨이쥔
그린이 | 양장쥔
옮긴이 | 박주은
감수자 | 김동욱
펴낸이 | 조승식
펴낸곳 | 도서출판 북스힐
등록 | 1998년 7월 28일 제22-457호
주소 | 서울시 강북구 한천로 153길 17
전화 | 02-994-0071
팩스 | 02-994-0073
홈페이지 | blog.naver.com/booksgogo
이메일 | bookshill@bookshill.com

ISBN 979-11-5971-463-4
정가 16,000원

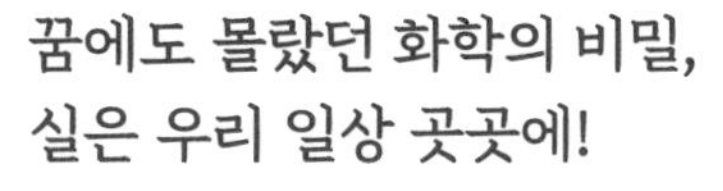

이렇게 재밌는 화학, 왜 몰랐을까?

천웨이전 글 · **양장쥔** 그림
박주은 옮김 · **김동욱** 감수

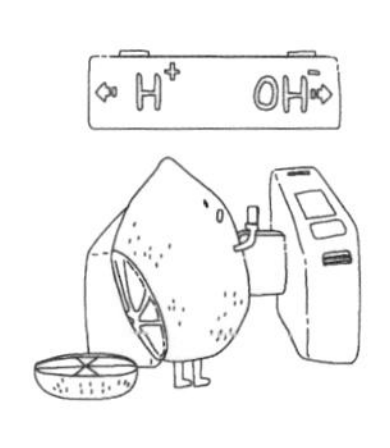

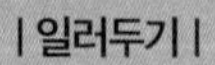

| 일러두기 |

독자의 이해를 돕기 위해 첨언한 부분은 대괄호([ ])를 사용해 표시하였습니다.

추천사

끝없이 넓은 화학의 우주

이 책의 추천사를 써 달라는 요청을 받고 매우 감격했습니다. 저에게 화학을 배운 제자가 매우 흥미로운 관점에서 생활 속 화학을 이토록 독창적으로 풀어낸 원고를 읽으며, 청출어람이라는 말을 실감할 수 있었습니다.

이 책은 교과서에서 강조하는 대부분의 핵심 지식을 모두 포함하고 있어 물리와 화학을 배우는 학생에게 특히나 도움이 되는, 교과서 바깥의 좋은 교재입니다. 요즘은 인터넷에서도 교과서의 내용에 해당하는 학습 자료를 찾기 쉽다 보니, 교단에 서는 입장에서는 학생들이 이미 배울 내용을 다 알고 있는 경우도 많이 보게 됩니다. 이런 상황에서 딱딱하게 교과서적인 설명이나 문제 풀이만 반복해서는 땅에 떨어진 학생들의 관심을 끌어

올리기 어렵죠.

하지만 재미있는 상상력을 동원해 생활 속 여러 현상에 숨은 배후의 과학적 원리를 생동감 넘치는 비유로 의인화하거나 생활 속의 구체적 경험으로 치환한다면, 배움의 경지는 상상력의 날개를 달고 무한히 확장될 것입니다. 그렇게 여러분만의 화학 우주도 역시 그 경계가 넓어지고, 배움의 효과 또한 높이 상승할 것입니다! 이를 테면, 원소 주기율표에 대해 배울 때에는 이 책에 묘사된 유치원에서의 난투극을 떠올려 보는 겁니다. 원소 주기율표상의 원소 기호는 차갑기 그지없지만, 원자들이 다른 원자의 전자를 얻거나 잃기 쉬운 정도를 유치원 아이들의 각기 다른 개성 차이로 비유하면 이해하기 쉽습니다. 동위 원소에 대해서도 책에 나온 것처럼 천이쥔陳怡君이라는 똑같은 이름을 가진 세 명의 다른 학생을 각각 어떻게 구별하는가를 통해, 과학자들이 동위 원소를 분별하는 방법을 이해할 수 있죠.

그밖에도 이 책에서 다루고 있는 농도, 용해도, 산 염기, 산화 환원 반응, 대기 압력 등의 개념 또한 한번 보면 잊을 수 없는 신통방통한 비유 때문에라도 과학에 대한 호감도까지 크게 상승할지도요!

이 책은 여러 가지 현상의 배후에 존재하는 과학적 원리를 생동감 넘치게 풀어낸 다음 '진짜인 듯 진짜 아닌 가짜'인 유사 과학의 사례를 하나하나 끄집어내 냉정하게 그 진위 여부를 판별해 주고 있어, 과학적 미신에 속고 있는 많은 대중을 일깨우기에도 손색이 없습니다.

과학 지식의 대중화에 모든 열정을 쏟아부은 이 책은 유머러스한 일러스트가 화룡점정으로 더해져 흥미로우면서도 가독성이 높기에, 풍요로운 화학의 세계에 진입하고 싶은 모든 어른 및 어린 친구들에게 추천하는 바입니다.

허우위저우侯宇洲(타이베이 시 둔화국중敦化國中 교사)

서문

나만의 화학 우주를 구축해 보자!

'화학'이라는 이름을 찬찬히 뜯어보면 누구나 '변화'의 과학이라는 뜻을 알아챌 수 있을 것이다. 어떤 사람은 영어의 'Chemistry'를 'Chem is Try'라는 말로 분해하기도 한다. 이 두 가지 표현을 통해, 화학자의 일이란 부단한 시도로 만물의 변화를 탐구하는 것임을 짐작해 볼 수 있다. 이 세상에서 유일하게 불변하는 진실은 만물이 '변화'한다는 사실뿐이라는 말도 있지 않은가. 세상 어디에나 존재하는 것이 만물의 변화라면, 화학 또한 어디에나 존재하는 것이라고 말할 수 있다.

그런데 여기까지 읽은 독자라면 이런 의문이 들 수도 있겠다. 화학이 그토록 어디에나 존재하는 것이라면, 어째서 우리 일상에서는 흔하게 경험하기 어려웠을까? 어째서 기껏 관심을 끄는 것이라고는 화학 공장의 독성 물질 유출이나 폭발 사고, 심지어 마약과도 연관된 유해 물질 잔류처럼 미디어에 오르내리는 각종 불미스러운 일들뿐일까? 간혹 신약 개발이라든가 노벨상 수상 소식도 들려오긴 하지만, 화학과 관련해서는 확실히 부정적인 뉴스가 긍정적인 뉴스를 압도하고 있다. 오죽하면 주위에 화학을 공부하는 친구가 있으면 대뜸 물어보는 말이 "너 혹시 마약도 합성할 수 있니?" 아니면 "너희는 폭탄 같은 것도 제조하고 그러니?"일까!

우리는 미처 의식하지 못하고 있지만, '천연'이나 '건강'을 내세우는 많은 식품 광고 역시 '화학'에 대한 이런 부정적인 이미지를 이용한다. 마치 '화학'이라는 말 자체가 유해 물질의 상징이기라도 한 것처럼. 누구나 '화학 성분은 담겨 있지 않다'고 강조하는 '천연' 제품의 광고를 한번쯤 들어 보았을 것이다. 어떤 브랜드의 광고 문구는 무려 "화학을 싫어하는 ○○○○"였다.

그러나 옷에 밴 얼룩과 땀을 효과적으로 제거해 주는 세탁 세제도 다름 아닌 '화학 성분'으로 그렇게 할 수 있는 것이다. 그야말로 제대로 된 화학 제품인 것이다. 화학의 신이 존재한다면 세상에 만연한 화학에 대한 저주 때문에 화장실로 뛰어들어 펑펑 울고 싶어질지도 모르겠다. 화학에 대한 우리의 인식은 너무나 불공평하다! 화학에 대해 잘 모르더라도 조금만 자세히 관찰해 보면 화학이 알게 모르게 우리 삶에 얼마나 큰 도움을 주고 있는지, 현대 과학 발전에 얼마나 든든한 기반이 되고 있는지도 알 수 있을 것이다. 이토록 중요한 화학에 대해 적의와 오해가 만연해 있다는 것은 참으로 안타까운 일이다. 억울해서 분통이 터질 '화학의 신'은 대체 어디로 가서 원통함을 호소해야 할까? 그래서 내가 그 억울함을 풀어 주기로 했다!

혹시 과학 교육이 많이 부족한 탓일까? 사실 타이완의 의무교육 수준은 꽤 높은 편이다. 과학적 사실에 부합하지 않은 정보가 이렇게 널리 퍼져 있을 리 없다. 그렇다면 원인은 현행 교육 체제하에서 과학 과목은 단지 시험을 치르기 위한 도구로만 기능하고 있어서는 아닐까. 다 외우지도 못할 원소 기호를 달달 외우기만 하거나, 틀리기 일쑤인 반응식 혹은 복잡한 계산 과정에 매몰되어 버리는 바람에 사람들의 마음에 반감이 새겨져 있기 때문일 수도 있겠다. 그렇다 보니 이후에도 화학과 관련된 사건을 접하기만 하면 과거의 고통스러운 기억이 떠올라 깊이 이해하기를 포기해 버리는 것이다.

그러나 우리의 일상 속 화학은 결코 이해하기 어렵지 않다. 오히려 우리 눈에는 보이지 않는 원자 세계의 일들은 우리의 상상력을 자극하는 무척 흥미로운 영역이다. 우리들 하나하나의 성장 과정이 제각기 다르듯 열 명의 화학자들이 이해한 화학의

세계도 열 가지 혹은 그 이상으로 다채롭다. 나는 이 책에서 내가 이해한 화학 세계의 모습을 최대한 가볍고 유쾌한 언어로, 재미있는 비유로 풀어 나가고자 한다. 당신은 그 어떤 복잡한 계산도 할 필요가 없다. 당신도 이 책을 읽고 난 뒤에는 내가 이해하고 상상한 모습과 또 다른, 당신만의 화학 우주를 품게 될 것이다!

이 책은 모든 물질의 기본 입자인 원자에 대한 이야기로 시작하여, 총 열 개의 장을 통해 일상에서 만나는 화학에 대한 당신의 호기심을 일깨울 것이다. '음이온'이란 대체 무엇이기에 헤어드라이어에서까지 나온다고 하는 것일까? 알칼리성 이온 음료는 정말 산성 체질을 변화시켜 우리 몸을 건강하게 만들어 줄까? 우리도 시도하기만 하면 탄산수처럼 기포 가득한 물을 만들어 낼 수 있을까? 콜라에 멘토스를 넣으면 어째서 콜라가 폭발하듯이 뿜어져 나올까? 이 책을 읽다 보면, 다양한 화학의 원리가 우리 생활 곳곳에 스며 있을 뿐 아니라 TV에 나오는 것처럼 그렇게 무시무시한 것만도 아니라는 사실을 알게 될 것이다. 이 책 중간중간의 '화학 플러스'에서는 화학의 여러 흥미진진한 면모도 구경할 수 있다!

이 세상의 다양한 면면을 이해해 나가는 과정은 농구 경기 관람과도 비슷하다. 당신이 경기의 규칙과 선수들의 특징, 감독의 전략 전술 등을 두루 이해하고 있다면, 그때부터 농구는 더 이상 골대 안에 공을 넣는 놀이에만 그칠 수 없다. 당신은 때때로 감독의 뛰어난 전술에, 선수들의 화려한 플레이에도 감탄하게 되는 것이다. 화학을 이해한다는 것은 화학적 현상이 일어나는 원리를 알게 되는 것일 뿐 아니라, 정확한 지식과 뚜렷한 판단력으로 진짜와 가짜를 분별해 낼 수 있게 된다는 것을 의미한다. 화학에 대해 알아 갈수록 우리는 자신의 소중한 지갑을 두둑이 지켜 낼 수 있을 뿐 아니라, 돈보다 더욱 소중한 건강도 지킬 수 있게 될 것이다. 자, 이제부터는 화학의 관점으로 우리의 생활을 들여다보자!

차례

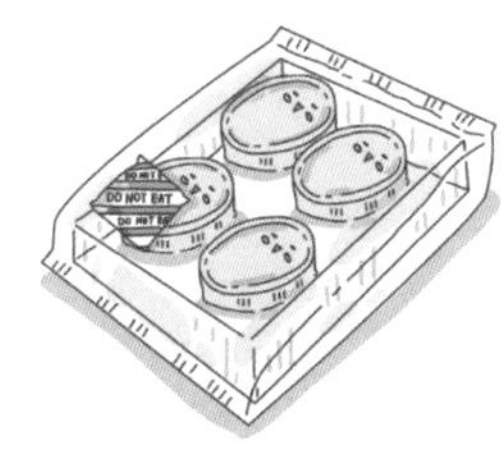

PART 5 산성과 알칼리성, 당신은 어떤 체질?
—산 염기 체질을 통해 보는 산 염기 값

PART 6 난 네가 싫지만 너 없인 안 돼
—산소와의 사랑과 전쟁

PART 7 화해·조정 전문가이자 똥개 훈련 고문관
—주방 세제는 멀티플레이어

PART 8 음식으로 장난친 죄
— 식품 안전의 흑역사

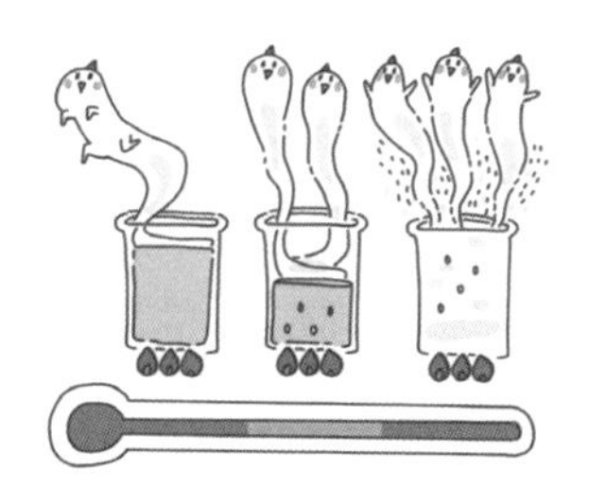

PART 9 인사이더와 아웃사이더의 소극장
—'용해도' 랩소디

PART 10 압력에 저항할 수 없다고 말하지 마라!
—어디에나 존재하는 '압력'

PART 1

'원자'로 이루어진 세계

—만물을 구성하는 기본 입자

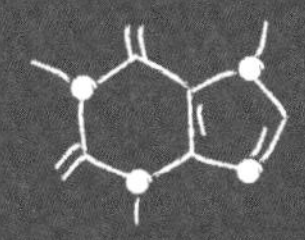

지구상에 존재하는 모든 물질은 원자로 이루어져 있다. 현재 원소 주기율표에서 찾아볼 수 있는 원자는 총 118종이지만 이 안에는 '인공 제조'된, 즉 실험실에서 합성된 원자도 다수 존재한다. 이런 원자들은 합성되자마자 사라져 버리기 일쑤여서 자연에서는 그 흔적조차 감지하기 어렵다. 현재까지의 연구에 따르면, 지구상에 자연적으로 존재하는 원자는 총 98종이라고 한다. 크게는 바다에서 육지에 이르는 전체 지구에서부터 작게는 세균과 바이러스에 이르기까지, 모두 이 98종의 원자 범위 내에 존재하는 것이다. 그러므로 이 세상에 '화학 성분을 포함하지 않은' 물질이라는 것은 근본적으로 존재할 수 없다. 당신과 나를 포함한 우리 자신조차 매우 '화학'적인 존재이기 때문이다.

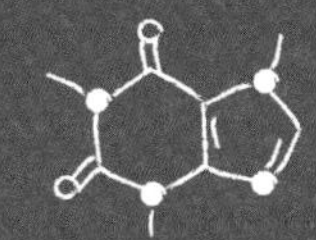

01

화학≠실험실! 일상은 생각보다 더 화학적이다

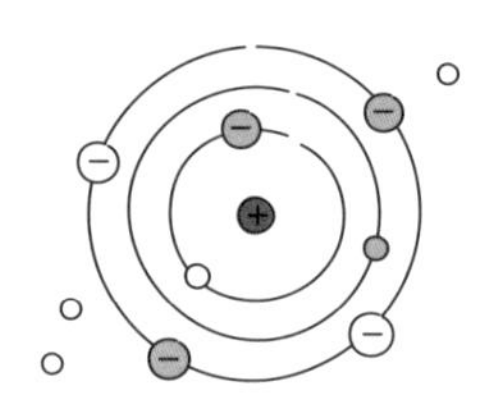

당신이 만약 화학과에 다니고 있는 친구를 화나게 하고 싶다면 어떤 질문을 던지는 게 좋을까?

"있잖아, 너희 화학과에서는 만날 무슨 폭탄 같은 거 만들고 그러니?"

흠, 나쁘지 않은 것 같다. 그전까지 친구와 아무리 좋은 사이였더라도 그 친구는 두 주먹을 불끈 쥐며 표정이 일그러지기 시작할 것이다. 그래도 최대한 생글생글 웃으며 우정의 극단을 시험해 보고 싶다면, 바로 이어서 이렇게 말해 보는 건 어떨까. 주변에 있는 화장품이나 식품 광고판을 찾아 손가락으로 가리키며 말하자.

"봐, 저 화장품(혹은 식품, 음료)에는 화학 성분이 하나도 들어 있지 않대!"

그 말을 들은 화학과 친구는 드디어 씩씩거리기 시작하고, 화가 나서 숨도 제대로 쉬지 못할 것이다.

여기서 잠시 시계를 되돌려, 아름다운 학창 시절로 돌아가 보자. 만약 당신이 지금 학생이라면 최근까지의 기억을 더듬어 보라. 중고등학교 화학 시간, 하면 떠오르는 사람이나 사건은 무엇인가? 선생님 혼자 칠판에 뭐라 뭐라 쓰면서 일러 준 '암기의 포인트'? 아니면, 시덥지 않았던 농담 몇 마디? 설마, 아무 기억도 안 나는 건 아니겠지!

우리는 학교를 떠나 현실을 살아가면서 이따금 뉴스를 통해 이런저런 화학 명칭을 듣게 되기도 하고, 실제 과학 원리와는 다른 현란한 광고 문구를 접하기도 한다. 이 모든 것에 혹하거나, 궁금해하며 눈을 반짝이기도 하고, 어서 누군가가 나타나 진실을 판명해 주기만을 기다리기도 한다.

평소 실험이라는 것에 익숙지 않은 일반인들은 '화학'이라고 하면 실험실과 비커, 시험관, 알코올램프, 이러저러한 액체들, 색이 변하는 각종 시험지 등이 떠오를지도 모르겠다. TV의 식품·의약품 광고에 나오는 것처럼 실험실에서 흰 가운을 입은 연구원들이 보안경을 쓴 채 비커나 시험관을 들어 올리며 갖가지 실험을 하는 장면 말이다. 화학에 대한 일반 대중의 인상은 이렇게나 실생활과 거리가 먼 것들이다. 그러나 실제 화학은 우리의 삶과 아주 밀접하게 관련되어 있으며, '우리의 몸이 곧 거대한 화학 공장'이라 해도 과언이 아니다. 그렇다면,

'화학 성분이 하나도 들어 있지 않다'는 말은 어째서 화학과 친구를 그토록 화나게 하는 것일까?

사실 우리는 모두 지구상의 모든 물질이 '원자'로 이루어져 있다는 사실을 잘 알고 있다.

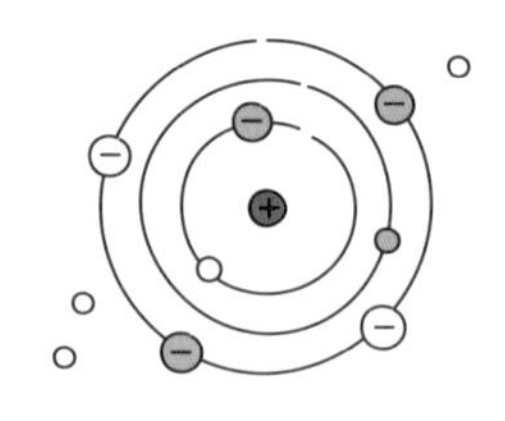

02

전체 우주는 원자로 쌓아 올린 걸작

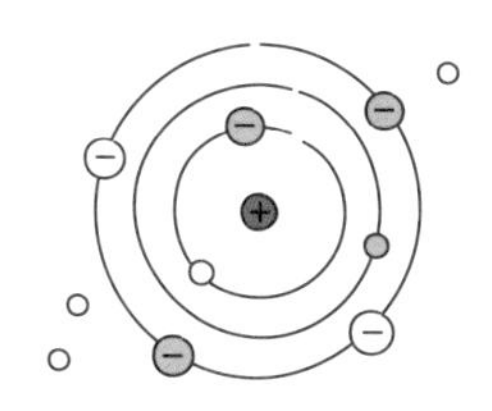

시작부터 우리는 '원자'에 대해 언급해 왔다. 그렇다면 원자란 대체 무엇일까? 간단히 말해서,

원자는 만물을 구성하는 기본 입자이다.

레고로 만든 작품을 본 적이 있는가? 레고 애호가들은 수많은 레고 조각을 서로 맞물리게 쌓아 올려 유명 건축물이나 산수화를 만들어 낸다. 이러한 레고 작품을 보면 누구나 입을 쩍 벌리며 감탄하게 된다. 그런데 당신은 이 세상 만물을 보면서도 그렇게 감탄한 적이 있는가? 앞서 **지구상에 자연적으로 존재하는 원자는 총 98종**이라고 언급한 바 있다. 이 98종의 원자 하나하나가 레고 조각이라면, 이 98종의 조각을 서로 잇고 쌓아 우리가 살고 있는 지구 전체를 만들어 낼 수 있다. 그 안에서 살아가는 수천만 종의 생물은 물론 그보다 더 많은 수의 온갖 비생명 물질까지 포함해서!

그러므로 '화학 성분이 하나도 들어 있지 않은' 의약 화장품이란 근본적으로 존재할 수 없다. 혹 그 의약 화장품이 신기한 에너지 파동이거나, 뚜껑을 여는 순간 뿜어져 나와 피부를 맑게 만들어 주는 동방의 신비한 에너지라면 모를까….

많은 의약 화장품들이 '화학 성분이 첨가되어 있지 않다'고 광고하는 이유는 소비자들의 기억 때문이다. 기존 악덕 업체에서 사용했던 불법 화학 성분이라든가, 한때 사회를 떠들썩하게

'원자'는 만물을 구성하는 기본 입자.

했던 각종 '파동'을 떠올리지 않고, 자사의 제품은 '순수하고 안전한 천연' 성분의 제품이라는 점을 강조하기 위한 방법이다. 그러나 이 업체들은 구체적으로 어떤 해로운 화학 성분을 사용하지 않았는지는 말하지 않은 채 '과학적으로 부정확한' 표현만으로 공포 마케팅을 펼친다.

물질을 구성하는 기본 입자가 원자이기는 하지만, 원자를 좀 더 구체적으로 자세히 들여다보면, **원자는 세 종류의 더 작은 입자인 전자, 양성자, 중성자로 이루어져 있다**(수소 원자는 예외).

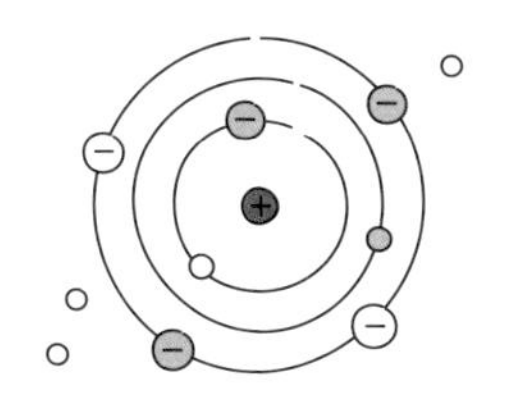

03

'원자 유치원' 난투극

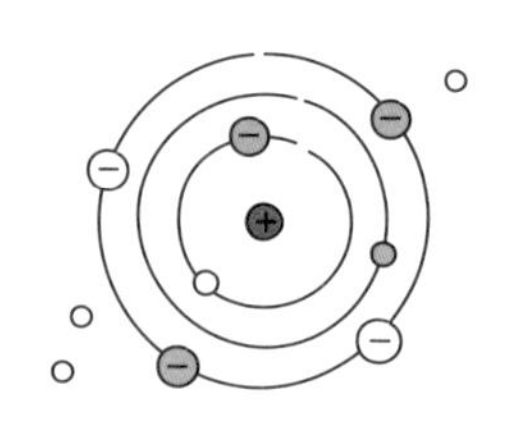

사람들은 보통 원자 모양을 상상할 때, 정중앙에 있는 작은 구球를 중심으로 몇 개의 입자들이 정해진 궤도를 도는 것을 상상한다. 마치 태양의 주위를 도는 태양계의 행성처럼. 그렇게 정해진 궤도를 따라 돌고 있는 작은 입자가 바로 전자다. 물론 과학계의 논증에 따르면, 전자는 사실 특정 궤도를 따라 돌고 있지 않으며 한정된 구역 안에서 무작위로 출현할 뿐이라고 한다. 그러나 많은 사람들이 품고 있는 원자에 대한 인상은 위의 상상도에 더 가깝다.

그렇다면 여기서 한 가지 의문이 들 수도 있다. 원자의 상상도에서 정중앙의 작은 구를 중심으로 그 바깥을 돌고 있는 게 전자라면, 양성자와 중성자는 대체 어디에 있는가? 정중앙의 작

은 구 안에 있다면 그 구는 양성자인가, 중성자인가?

정답은 바로 양성자…도 있고
중성자도 있다!는 것이다.

사람들은 보통 이런 대답을 들으면 화를 낸다. "아, 그게 무슨 말입니까? 그래서 그 구가 양성자라는 거예요, 중성자라는 거예요?"

원자 안에서 극히 적은 부피를 차지하고 있는 원자핵.

자, 조금만 더 사세히 들이가 보도록 하자. 양성자와 중성자는 각기 다른 두 입자이지만 수박씨처럼 원자 곳곳에 흩어져 있지 않고, 원자 한가운데에 작은 구 형태로 뭉쳐져 있다. 바로 이 구를 **원자핵**이라 한다. 원자핵의 크기는 어느 정도일까? 교과서에서는 **축구 경기장 한가운데 있는 10원짜리 동전 하나 크기**로 비유한다. 그토록 작은 원자핵이 원자 전체 무게의 100% 가까이를 차지하다니, 놀랍지 않은가!

이러한 원자들을 유치원에 다니는 어린 친구들로 비유해 보면 어떨까? 원소 주기율표의 118개 원자를 각기 다른 개성을 가진 118명의 유치원생들이라고 상상해 보자. 어떤 아이는 성질이 사납고, 어떤 아이는 온순하며, 어떤 아이는 시도 때도 없이 뛰어다니는 반면, 어떤 아이는 그렇게 차분할 수가 없다. 개중에는 반항심이 커서 여기저기 휘젓고 다니며 말썽을 일으키는 아이도 있다. 그런데 대체 무엇이 아이들의 성격을 이토록 천차만별로 만드는 것일까?

바로 양성자, 전자, 중성자라는 세 가지 기본 입자의 배열과 조합이 118가지 서로 다른 성질의 서로 다른 원자를 만들어낸다. 그리고 이러한 원자들은 각각 양성자와 전자 수에 의해 구별되며, 1~118번 원자 내의 양성자와 전자의 개수는 각각 같다.

그러나 모든 원자들이 자신의 타고난 조건에 만족하는 것은 아니다. 아이들이 대체로 자신이 가진 장난감 개수에 만족하지 못하는 것과 비슷하다. 더욱이 전자는 아주 가벼운데다 원자의 바깥에 위치해, 서로 다른 두 원자가 만났을 때 종종 '거래' 대상이 되곤 한다.

그러므로 만약 당신이 원소 주기율표에서 특정 원자를 골라 아이처럼 잘 길러 보고 싶다면, 신중하게 생각해야 한다. 원자들의 개성이 하도 제각각이라, 한데 모아 놓았다가는 전자 쟁탈전이 벌어지기 일쑤일 테니!

염소나 불소처럼 천성적으로 성질이 더러운 원자는 남이 뭘 가지고 있는 꼴을 못 보는 나머지, 다른 원자와 마주칠 때마다 상대방의 전자를 빼앗으려 든다. 이렇게 되면 그 원자는 전자 수가 양성자 수보다 많아져 **음이온**이 된다. 한편, 나트륨이나 칼륨 같은 원자는 마음씨가 바다와 같이 넓어서 자신의 전자를 누구에게든 내어 주고 스스로 **양이온**이 된다. 그러므로 염소와 나트륨이 만나면, 두말할 나위 없이 나트륨이 자신의 전자를 염소에게 갖다 바치게 되어 있다(이렇게 생성된 염화 나트륨은 우리가 먹는 소금의 주요 성분이다).

헬륨이나 네온처럼 사회성도 없고 별 욕심도 없는 원자들은 남의 전자를 빼앗지도 않고 자신의 전자를 쉽게 내주지도 않는다. 마치 세상사에 초연한 구도자 같달까. 이들은 심지어 다른 원자들과 잘 어울리려고 하지도 않는다.

그런데 방금 '이온'이라는 말이 새로 등장한 것, 눈치챘는가? 그렇다, 사람들은 원자들의 최종 전자 수를 식별하고 나서

원자들이 전자 쟁탈전을 거친 뒤
전자 수와 양성자 수가 달라졌다면,
그때부터는 '원자'가 아닌 '이온'이라고 부른다!

더 정확하게는 전자 수가 양성자 수보다 많으면 '음이온', 전자 수가 양성자 수보다 적으면 '양이온'이라 한다.

'원자'는 전자 쟁탈전을 거친 뒤 '이온'이 된다.

04

알칼리성 이온수, 과연 마실수록 건강해질까?

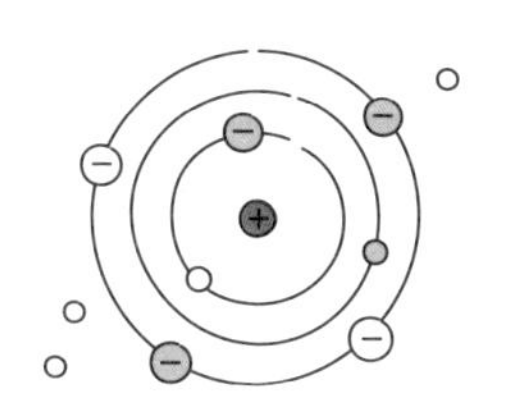

그런데 가만, 학교를 졸업한 지 꽤 오래 된 것 같은데도 '이온'이라는 말은 왠지 익숙하지 않은가? 평소 TV 광고나 전자제품, 심지어 일상 용품에서도 이온이라는 말을 흔히 들을 수 있기 때문이다. 어떤 종류의 상품이든 '이온'이라는 말만 들어가면 가격이 마구 올라간다.

1,100원쯤 하는 타이완 길거리의 돼지고기 덮밥도 시대 흐름에 발맞춰 '포르모사Formosa[타이완의 다른 이름] 바질 포크 덮밥'이라고 하면, 왠지 모르게 이국적인 느낌을 풍기면서 5성급 호텔 음식 같아 보이는 것처럼 말이다.

이름 앞에 '이온'만 갖다 붙인 상품이 이토록 범람하게 된 이유다. 그중 가격이 서민적이면서 가장 흔하게 볼 수 있는 '이온

상품'이 있으니, 바로 '알칼리성 이온수'다.

아마 마트나 편의점에서 한 번쯤 본 적이 있을 것이다. 허다한 음료 제품 가운데 '알칼리성 이온수'만은 어딘가 모르게 조금 특별해 보인다.

알칼리성 이온수란 도대체 무엇이며 다른 물과는 어떻게 다른 걸까?

먼저 '물'에 대해 알아보자. 물은 어디에나 있는 흔한 것으로, 우리의 몸도 무게의 70%를 물이 담당하고 있다. **광천수, 해수와 같은 자연의 물에는 미량의 미네랄이 함유되어 있는데, 이런 미네랄은 보통 이온의 형태로 존재하고 있다.** 미네랄에는 대개 칼슘, 마그네슘, 칼륨, 나트륨[포타슘, 소듐이 IUPAC에서 지정한 공식 명칭이지만 흔히들 칼륨K, 나트륨Na이라고 부른다] 등 양이온의 종류가 많은데, 몸에도 좋은 이런 이온들은 다른 영양가 풍부한 음식에서도 흔하게 볼 수 있다. 반면 미네랄의 음이온은 그 종류가 상대적으로 적은 편이다.

그러나 대자연의 법칙이 우리에게 말해 주는 것은 음이온과 양이온은 반드시 같이 나타난다는 사실이다. 그것은 다름 아닌 음이온과 양이온 사이에 존재하는 정전기 인력 때문이다. 이것은 **같은 극은 밀어내고 다른 극은 끌어당기는** 자석의 원리와도 비슷하다. 사실 음이온이나 양이온은 결코 단독으로 존재할 수 없다. 칼슘, 마그네슘, 칼륨, 나트륨 등의 양이온이 존재하는 물에는 반드시 염소와 같은 음이온도 존재한다.

즉 **일반적인 자연의 광천수가 이미 이온수**인 것이다. 그럼 '알칼리성'은 뭘까?

현재의 기술로는 알칼리성 이온수를 만들어 내기 위해 **전기 분해**라는 과정을 거친다. 전기 분해에 대해 자세히 이야기하자면 한세월이 필요하지만, 간단히 말하면 물에 전기를 통하게 하는 과정이다. 이렇게 전기 분해를 거친 물은 소위 '알칼리성'을 띠게 된다.

알칼리성이라고는 하나 물의 알칼리성은 그리 강하지 않기 때문에 건강한 사람이 마셔도 큰 문제는 없다. 그런데 장사꾼들은 산성 체질에 대한 대중의 오해를 이용해 "알칼리성 이온수가 산성 체질을 '중화'시켜 준다, 과학 기술을 이용한 전기 분해를 거친 물을 많이 마실수록 건강해진다!"고 강조한다. 이런 대대적인 광고 끝에, 우리는 마침내 마트와 편의점 어디서나 손쉽게 '알칼리성 이온수'를 살 수 있게 된 것이다.

그러나 이제는 **알칼리성 이온수란 단순히 전기 분해를 거친 물**이라는 것을 알게 되었다. 더욱이 물은 산성이건 염기성이건 간에, 일단 마시고 나면 뱃속으로 들어가 가장 먼저 위산과 만나게 된다. 모두가 알다시피 위액은 강한 산성이다. 알칼리성 이온수는 약알칼리이기 때문에 산성이 강한 위액과 만나 어차피 산성이 된다. 하물며 그런 물이 체질까지 변화시킨다는 것은….

진실의 칼을 만나면, 상술의 허망한 거짓말은 이렇게 간단히 바스라지는 법이다.

진짜처럼 보이는 '가짜 과학'은 과학 지식에 대한 대중의 얕은 이해를 파고든다.

사실 우리 일상에는 알칼리성 이온수 같은 사기성 상술이 곳곳에서 판을 치고 있다.

다시 이온으로 돌아와 보자. 그렇다면 이온에는 좋은 점이 단 하나도 없는 것일까? 꼭 그렇다고 할 수는 없다. 다만 다음 장에서도 알칼리성 이온수와 마찬가지로 소비자들이 지갑을 들고 뛰쳐나가게 만드는 대표적 상술인 '음이온 공기 청정기'와 '음이온 헤어드라이어'에 대해 좀 더 이야기해 보고자 한다.

05

가는 데마다 feat. 음이온

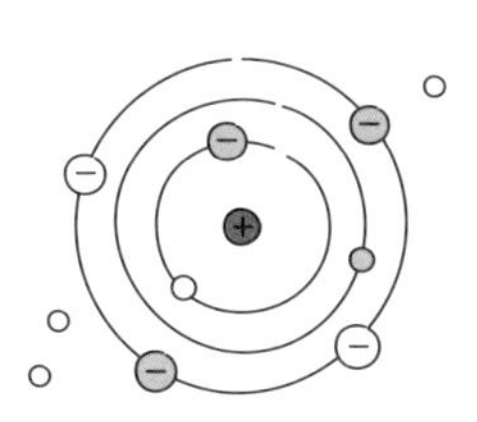

'음이온' 상품화가 도를 넘고 있다. 음이온의 이런 인기는 순전히 인위적인 마케팅 때문이다.

상품의 이름을 수식하고 있는 '음이온'이란 대체 무엇일까? 그것은 원자의 음이온과 어떻게 다를까? '음이온'이라고는 하지만, 전자 기기 앞에 붙는 음이온은 사실상 **전자를 지닌 공기**를 의미한다. 그런 의미에서 '음이온'이라는 말이 사람들에게 익숙해져 있기는 해도 과학적으로 정확한 명칭은 아니므로 이 글에서는 음이온을 부負(음)이온으로 칭하기로 하겠다. 여기서 말하는 부이온은 어디까지나 '전자를 지닌 공기'를 의미한다.

그런데 전자를 지닌 공기가 왜 잘 팔리는 걸까?

풍선을 머리카락에 마찰시키면,
풍선은 머리카락에서 소량의 전자를 얻으면서 머리카락을 흡착한다.

이 지점에서 잠시 어릴 적 놀던 기억을 떠올려 보자. 당신도 풍선을 머리카락에 비비며 놀아 본 적 있는가? 풍선은 재료의 특성상 머리카락과 마찰을 일으키면 소량의 전자를 얻으면서 **정전기**가 형성된다. 풍선을 머리카락과 마찰시킨 뒤 조금 옆에 떨어뜨려 놓으면, 머리카락이 풍선에 달라붙으려는 듯 쭈뼛 올라오는 것을 볼 수 있다.

사실 풍선이 흡착할 수 있는 것은 머리카락만이 아니라 자잘한 먼지나 종잇조각도 포함된다. 앞서 언급한 **'전자를 지닌 공기'도 '전자를 지닌 풍선'과 마찬가지로** 공기 중의 자잘한 먼지를 흡착할 수 있다. 즉 공기 청정 효과가 얻어지는 것이다. 그러나 전자는 공기에도 풍선에도 그리 오래 머무르지는 않는다. 몇 분만 지나면 다시 뛰쳐나가기 때문에 정전기 상태였던 사물은 다시 전자를 지니지 않은 상태로 돌아간다.

여기까지 읽은 독자라면, 부이온이라는 게 무슨 엄청난 선진 기술이 아니라는 걸 눈치챘을 것이다. 그런데 공기는 풍선처럼 손으로 잡아 머리카락에 마찰을 시킬 수도 없다. 그렇다면 어떻게 공기에 부이온을 불어넣는 걸까?

방법은 간단하다. 바람이 나오는 입구에 '음이온 생성기'를 설치하면 된다. (가격도 굉장히 싸다. 못 믿겠다면 검색을!) 음이온 생성기에 전기를 통하게 하면 전자들이 금속 끄트머리에 모이게 되는데, 공기가 그 끄트머리를 통과할 때 전자를 잡아챌 수 있다. 그렇게 해서 전자를 지니게 된 공기는 앞서 언급한 풍선과 마찬가지로 **공기 중의 미세하고 더러운 입자들을 흡착할 수 있게 된다!**

장사꾼들이 말하는 음이온(=부이온)이라는 게 '과학적으로 정확한' 명칭은 아니지만 굳이 그렇게 부른다면, 상대적으로 그와 반대되는

'정이온'이라는 것도 있을까?

있다면 그것은 과연 어떤 역할을 할까?

당신도 혹시 폭포 여행을 가 본 적 있는가? 폭포에 가 본 사람들은 하나 같이 폭포 근처의 공기가 유난히 맑고 상쾌했더라고 말한다. 그렇다! 폭포 주위의 공기는 유난히 맑고 깨끗하다. 산중이라 오염이 적어서만은 아니다. 폭포수에서 튀어나온 자잘한 물방울들이 공기와 마찰을 일으킬 때 소량의 전자가 물방울에서 공기 중으로 잠시 이동하는데, 이때 공기만이 아니라 물

폭포수 주변 공기가 유난히 맑은 것은 폭포에서 튀어나온 자잘한 물방울들이 미세한 먼지를 흡착하기 때문이다.

방울도 주위의 미세한 먼지를 흡착할 수 있게 된다. 이 물방울들이 바로 '정이온'이다. 이러한 정·부(음)이온들의 역할로 공기가 특별히 맑아지는 것이다(큰 비가 쏟아진 뒤의 공기도 그렇게 맑지 않던가?)!

'정이온'의 존재를 믿을 수 없다면, 다시 풍선을 들어 머리카락에 비벼 보자. 풍선을 머리카락에서 뗀 다음, 자잘한 종잇조각들을 머리카락에 다시 갖다 대 보라. 머리카락도 종잇조각을 흡착하지 않던가! 이는 전자가 머리카락에서 풍선으로 이동하는 바람에 잠시 전자를 잃은 머리카락이 양전하를 띠게 되었기 때문으로, 정이온도 미세한 먼지를 흡착할 수 있다는 것을 증명한다.

음이온의 역할은 단순히 '흡착'에만 그치지 않는다. **음이온의 또 다른 특징인 '척력'도 얼마든지 상품화할 수 있다.** 근래에 큰 인기를 얻고 있는 음이온 헤어드라이어는 일본 여행을 떠난 관광객들의 구매 품목 1위를 차지하기도 했다. 음이온 헤어드라이어를 사용해 본 사람들은 다른 제품처럼 대량의 열풍이 나오는 것도 아닌데 건조 효과가 만만치 않더라고 말한다. 대체 어떻게 된 일일까?

그 전에, 한번 생각해 보자.

헤어드라이어에 왜 음이온 생성기를 달아야 할까?

같은 음이온끼리는 같은 전기적 성질을 갖기 때문에 서로를 밀어내는 척력이 작용한다. 그래서 부이온을 머리카락에 쐬면 전자가 머리카락으로 이동, 머리카락들 사이에서도 '서로를 밀어내는' 힘이 작용하여, 한데 엉키지 않게 된다. 머리카락 본래의 가지런함이 유지되기 때문에 같은 양의 바람에도 훨씬 잘 마르게 되는 것이다.

그러나 그것이 꼭 음이온 때문이라고 할 수는 없다. 머리카락 말리는 속도에는 풍량과 온도, 헤어드라이어의 기종 등 여러 가지 변수가 함께 작용하기 때문이다. 그럼에도 장사꾼들은 음이온이라는 한 가지 요인만 앞세우며 가격을 올려 제품을 판다.

음이온만으로 머리 말리는 시간이 얼마나 단축되는지 증명할 수 있는 가장 과학적인 방법은 같은 환경, 같은 상태에서 같은 방법으로 머리카락을 말리되, 한 번은 헤어드라이어에 음이온 생성기를 붙였다가 다른 한 번은 떼어서 말려 보는 것이다. 하지만 업계로서는 굳이 그런 실험을 자처할 이유가 없다. 둘 다 머리 말리는 시간에 큰 차이가 없다고 밝혀지기라도 하면, '음이온'은 매력의 전당에서 쫓겨나고 말 것이기 때문이다. 음이온 생성기를 붙였다 뗄 수 있는 착탈식 헤어드라이어가 시중에

나와 있지 않은 건 이 때문이 아닐까?

사실 마찰이나 전기를 통하지 않고도 음이온을 생성할 수 있는 방법은 아주 많이 있다. 시중에 나와 있는 **음이온 주전자, 음이온 매트, 음이온 이불에 이르기까지, 그야말로 의식주 어디에나 feat. 음이온이다.** 이런 일상 용품에는 마법의 '피카츄'라도 숨겨져 있어 어디선가 몰래 전자를 끌어모으고 있는 것일까? 비밀은, 제품을 만들 때 음이온을 생성할 수 있는 화학 물질이 포함된 가루를 혼합하는 데 있다.

사실 음이온 가루는 무슨 신비로운 기술이 아니라 단지 제품의 안쪽에 방사성 물질을 혼합하는 것일 뿐이다. 다음 장에서도 방사선에 대해 이야기하겠지만, 지금은 그러한 가루가 공기 중의 전자를 잠시 이동하게 만들어 정·부이온을 생성시킨다는 것만 기억하면 된다. 사실 이런 음이온 제품은 매우 조심해서 사용해야 한다. **방사선 에너지가 높은 제품을 장시간 사용하면, 방사선량이 축적되어 몸에 해로울 수 있기 때문이다.**

우리가 어떤 방법으로 부이온을 만들어 내든 간에, 그것은 본질적으로 전자를 지닌 공기에 지나지 않는다. 혹시라도 음이온을 통한 치료 효과를 기대하고 있다면, 아무런 의학적 증거도 없이 이런 제품을 추종할 이유가 전혀 없다.

그래도 음이온 제품이라는 걸 구입함으로 인해 심리적 만족을 얻고 싶다면, 그 제품이 안전 규정을 따르고 있는지 꼼꼼히 살펴보길 바란다. 안전 규정조차 지키지 않은 제품으로 건강도 망치고, 어렵게 번 돈도 날릴 수 있기 때문이다. 어쩌면 사기를 당했다는 심리적 고통이 신체적 고통보다 더 크게 올 수도 있다!

예외도 존재한다! 중성자 없는 원자—수소 원자

원자는 전자, 양성자, 중성자로 이루어져 있지만, 118종의 원자들 가운데 수소 원자만은 유일하게 중성자가 없다. 한 개의 양성자와 한 개의 전자로 이루어진 수소 원자는 그래서 무척이나 특별하다. 수소 원자는 원자 유치원에서도 (앞서 언급한 불소나 염소 원자처럼) 개성이 포악한 다른 원자에게 전자 한 개를 잃고 수소 이온이 되고 만다. [수소 원자는 중성자를 가지고 있지 않지만 동위원소isotope라 하여 수소 중에서도 중성자를 1개, 2개 가진 수소가 있다. 이를 중수소deuterium, 삼중수소tritium라 한다.]

불쌍한 수소 원자….

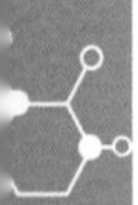

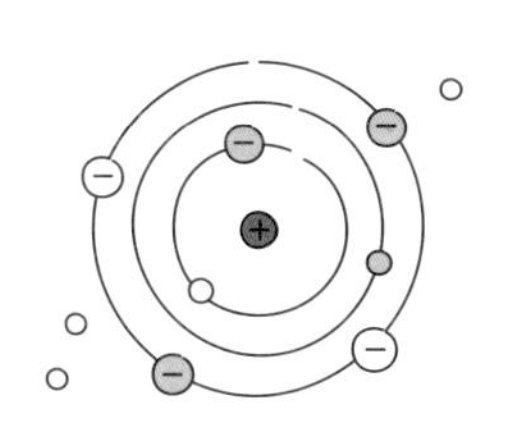

PART 2

작디작은 원자핵의 어마어마한 에너지

— '핵반응', '원자력 발전'에서 '방사선'까지

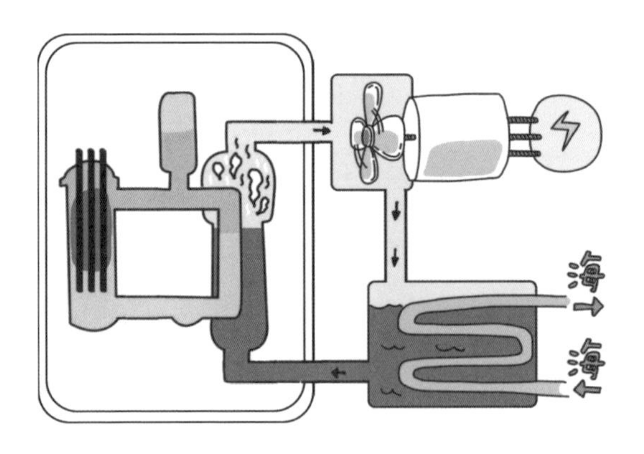

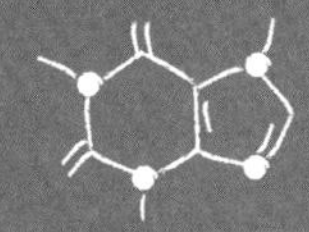

해마다 여름이면 전력난 이슈가 떠오르며 에너지 문제도 덩달아 도마 위에 오른다. 이 장에서는 발전發電 방법으로는 어떤 것들이 있는지 소개하는 동시에, 핵반응은 왜 유독 특별하며 다른 화학 반응과는 어떻게 다른지, 원자력 발전의 원리는 무엇인지, 그리고 우리의 크나큰 관심사이기도 한 핵폐기물은 어떻게 처리되는지에 대해 알아보고자 한다.

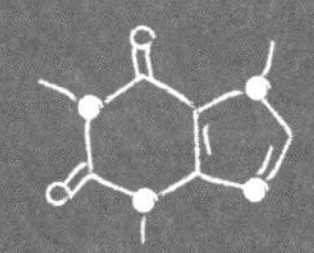

01

전기는 어떻게 만들어질까?

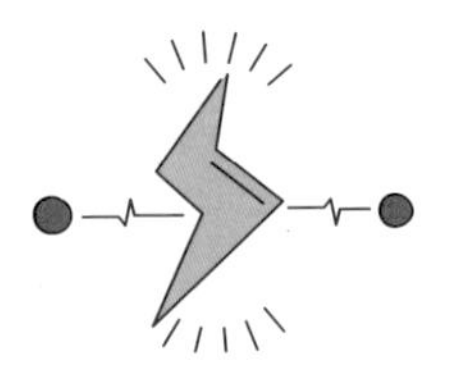

우리가 현실 생활에서 전기를 활용하는 방법은 수백만 가지가 넘지만, 전기를 만들어 내는 방법은 손으로 꼽을 수 있을 만큼 적다. **그렇다면 '발전'이라는 것에 고도의 첨단 기술이 요구되는 것일까?**

그렇지는 않다. 혹시 **건전지가 필요 없는 손전등**이라는 것을 본 적 있는가? 손전등 내부에 장착된 코일 기둥을 손으로 몇 번 회전시키면 진공관에서 밝은 빛이 나는데, 이것이 바로 발전기의 초기 모형이다! 코일 기둥을 회전시키는 과정에서 일명 **전자기 유도**(자기력을 전기로 바꾸는 에너지 변환 과정)가 일어나 진공관에 불이 켜지는 것이다.

이러한 수동 회전 방식 외에 가장 흔히 볼 수 있는 발전기의

시중의 수동 발전기.

모습은 외부로 방출되는 형태의 날개바퀴가 달린 회전축이다. 이 회전축을 코일과 연동시켜 외부의 힘을 가해 돌리면 전기 에너지를 생산할 수 있다.

'발전'에 있어 가장 어려운 것은 발전기 자체를 만드는 일이 아니라,

어떤 방법으로 회전축을 돌릴 것인가?이다.

그럼 우리도 이 지점에서 머리를 한번 굴려 보도록 하자. 뭐든 '내 손으로 직접 해 보는 게 최고'라 하지 않던가. 손전등도

손으로 직접 회선시킬 수 있디면 회전축을 사람의 힘, 동물의 힘으로 돌리지 못할 건 또 무어랴? 당신이 그 방법을 좋아하든 싫어하든, 가장 친근하고 일상적인 방법임에는 틀림없다. 유바이크Ubike[타이완의 공유 자전거]를 타 본 사람이라면 알겠지만, 이 자전거에는 전조등을 끄고 켤 수 있는 스위치가 없다. 밤이 돼도 깜깜이 운행을 하라고 일부러 그렇게 설계한 것이 아니다. 자전거에 사람이 올라 페달을 밟고 움직이면 전조등이 자동으로 켜지게 되어 있는 것이다. **페달을 밟고 바퀴를 움직이는 과정에서 바퀴 축도 끊임없이 회전하므로 이를 동력으로 삼아 전기를 만들어 내는 장치가 자전거에 장착되어 있다.**

이런 발전 방식이 단순해 보이기는 하나, 일상생활에 응용하기에는 효율이 많이 떨어진다. 인력을 동원하기에는 사람의 체력에 한계가 있다. 회전축을 돌리지 않으면 전기도 생성되지 않는데, 세상 어느 누가 회전축 돌리는 데 자신의 일생을 다 바치고 싶을까? 사실 유바이크의 전조등도 바퀴 축이 멈추면 곧바로 꺼지고 만다. 인력으로 회전축을 돌리는 데는 한계가 있다는 의미다. 그러므로 단지 페달을 밟는 것만으로 집 안의 TV며 인터넷, 전자레인지, 세탁기 등에 필요한 전기를 모두 생산하고 싶은 사람이 있다면, 참으로 꿈이 크다고 말해 주고 싶다. 죽을힘을 다해 온종일 페달을 밟아도 그만한 양의 전기는 생산해 내기

바람의 힘으로 회전축을 돌려 전기를 생산하는 풍력 발전기.

어려울 것이다. 잠들기 전에 샤워할 물 정도를 데울 수 있으면 모를까.

그렇다면 밖으로 눈을 돌려, **대자연의 힘**을 빌려 보면 어떨까? 아름다운 습지나 넓은 바닷가에 가면 잘 빗고 온 머리카락도 엉망진창이 되어 버릴 만큼 바람이 세게 부는 것을 느낄 수 있다. 그보다 더 바람이 셌다가는 가만히 서 있는 사람도 멀리 날려 보낼 것만 같다. 그리고 그런 곳이면 어김없이 **거대한 하얀 풍차**가 늘어서 있는 것을 보게 된다. 이렇듯 강한 바람으로 회전축을 돌리면, 대자연의 힘으로도 전기를 만들어 낼 수 있다.

수력 발전의 원리도 같은 개념이다. 물이 높은 데서 낮은 데로 흐르는 원리를 이용, 물이 흘러내리는 힘을 동력 삼아 발전기의 날개바퀴를 돌리는 것이다. 그러기 위해서는 방대한 양의 흐르는 물이 필요하고, 이 때문에 수력 발전 설비는 반드시 댐과 이어져 있어야만 한다. 중국의 싼샤 댐이나 미국의 후버 댐을 보면 잘 알 수 있다.

자연의 힘을 동력으로 전기를 생산하므로 일견 환경을 보호하는 것처럼 보일 수도 있지만, 그것은 그만큼 **자연에 모든 것을 의지한다는 뜻이기도** 하다. 수력 발전에 최적인 부지를 찾아냈다 해도, 비가 언제 어떻게 내릴지 알 수 없어서 언제든 수량 고갈 상황에 직면할 수 있다.

지금처럼 과학 기술이 널리 활용되고 있는 시대에는 각계의 모든 요소에 에너지 공급이 절대적으로 중요한데, 전기를 생산하기 위해 하늘만 바라봐야 한다는 것은 너무나 막막한 일이다. 인간 사회에는 인간 스스로 통제할 수 있는 시스템이 필요하다. 그렇다면 **타이완의 전기는 주로 어떤 방법으로 생산되고 있을까?**

타이완 대학 위험 사회 및 정책 연구 센터가 2018년 12월 개최한 포럼에서 발표한 조사 결과에 따르면, 설문에 응한 타이완 국민의 44%는 타이완의 주요 발전 동력이 '원자력'일 것으로 생각한다고 대답했다. 그러나 타이완 경제부 에너지국에서 발

낮은 곳으로 흐르는 물의 특성을 이용한 수력 발전기.

표한 「에너지 통계 월간 보고」에 따르면, 지난 5년간 원자력 발전이 전체 전기 생산량에서 차지하는 비율은 단 10%에 불과하며, 석탄이나 천연가스를 활용한 화력 발전이 전체 전기 생산량의 80%를 담당한다고 한다. 이런 사정은 해외도 크게 다르지 않다. **많은 나라에서 여전히 화력 발전이 전체 전기 생산량의 많은 부분을 떠받치고 있다.**

그런데 우리는 왜 이토록 원자력 발전을 중시하는 것일까? **'핵'이 도대체 무엇이기에?**

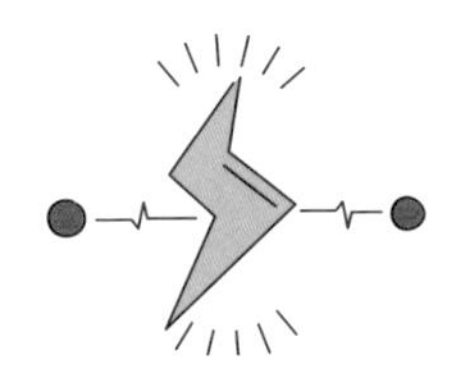

수력 발전은 정말 환경친화적인가?

시간이 흐를수록 점점 많은 사람이 수력 발전이 환경친화적이지만은 않다는 사실을 알아 가고 있다. 댐 건설 후 높아진 수위에 많은 동물의 서식지가 파괴되는 것은 물론, 댐 바닥의 산소 부족 현상 때문에 동식물들이 죽고 분해되는 과정에서 대량의 메탄가스가 발생하기 때문이다. 메탄가스는 지구 온난화의 주요 원인 가운데 하나다.

자연에만 의존하는 것이 꼭 답은 아닐 수도….

02

기존 세상에는 없던 핵반응

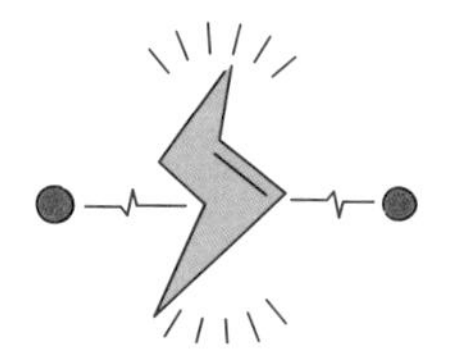

1장에 나왔던 원자의 구조에 관한 내용을 기억하는가? 양성자와 중성자로 이루어진 원자핵이 원자의 중심에 자리하고 있으며, 원자핵의 무게는 전체 원자 무게의 대부분을 차지할 만큼 무겁다는 것, 전자는 원자핵 주위의 한정된 구역 안에서 자유롭게 활동하고 있다는 것 등등 말이다.

그러므로 '원자가 전자, 양성자, 중성자로 이루어져 있다'는 말은 **원자는 원자핵과 전자로 이루어져 있다**는 말로 바꾸어도 무방하다. 그럼 누군가는 이렇게 물어볼 수도 있겠다.

핵반응의 '핵'은 뭡니까?
답은 당연히 '원자핵'이다.

그렇다면 **원자력 발전은 무엇일까?**

앞에서 우리는 세상 만물이 모두 원자로 이루어져 있다고 했다. 그렇다는 것은 원자핵 또한 어디에나 존재한다는 뜻이고, 우리 몸 안의 원자핵도 원자력 발전에 쓰일 수 있겠다…는 뜻일까? 맙소사!

일단, 그런 걱정은 전혀 하지 않아도 된다. 우선 '핵반응'이라는 게 무엇인지부터 알아보자!

미국이나 유럽에는 핵잠수함을 배경으로 한 재난 영화가 많은데, 여기서도 종종 '핵반응'이라는 말이 나오는 것을 볼 수 있다. 이런 과학 용어가 영화에까지 등장한다는 것은 과학 및 물질의 변화에 대한 대중의 인식이 많이 발전했음을 보여 주는 상징이기도 하다.

200년 전만 해도 인류는 세상 만물의 변화를 크게 **물리적 변화와 화학적 변화**, 두 종류로 인식했다. 아주 단순하고 직관적인 구분이었다. 물이 얼음이 되거나 얼음 조각이 모여 얼음덩어리를 이루는 것처럼 어떤 사물이 변화를 거쳐 새로운 물질을 만들어 내지 않으면 물리적 변화, 연소(재와 연기를 만들어 냄)나 음식의 발효(불쾌한 냄새를 만들어 냄), 철이 녹스는 것(녹을 만들어 냄)처럼 변화 후에 어떤 새로운 물질을 만들어 내면 화학적 변화, 즉 화학 반응이라고 분류했다. 만물의 변화에 대한 200년 전 사

람들의 관점은 이렇게나 단순하고 명확했다.

그런데 핵반응이라는 것이 나타나며 세상은 뒤집혔다. 물리적 변화와 화학적 변화로 양분되어 있던 기존 틀이 완전히 부서져 버린 것이다. 사실 핵반응이라는 것은 100여 년 전 과학자들이 처음 발견할 때까지만 해도 대단히 인식하기 어려운 것이었다. 도대체 핵반응의 **특성**은 다른 물리·화학적 변화와 어떻게 다른 것일까?

앞서 우리는 세상 만물을 구성하는 기본 요소가 원자라고 했다. 물질마다 그 물질을 이루는 원자의 종류가 다르고 원자의 수도 다르다. 화학 반응이 새로운 물질을 만들어 낼 수 있는 것은 화학 반응을 거치면서 원자의 배열과 조합이 달라지기 때문이다. 레고에 비유하면, 처음에 만든 헬리콥터를 해체해서 조그마한 자동차를 다시 만드는 것과 비슷하다.

그전까지 과학자들은 원자만큼은 새로이 만들어 내거나 소멸시키는 것이 불가능하다고 생각했다. 그런데 핵반응을 일으키는 과정에서, **작은 소립자(중성자나 수소의 원자핵)를 다른 원자핵에 고속으로 방사해 보았더니 목표가 되는 원자핵마다 반응이 조금씩 다르게 나타난다는 것을 알게 되었다.** 어떤 경우에는 소립자와 원자핵이 하나로 **융합**되었고, 어떤 경우에는 원자핵 내부의 일부 양성자와 중성자가 **부딪혀 튕겨져 나왔던 것!** 그런데 이 두 가지 반응에서 모두 원자핵 내부의 양성자 수에 증감이 일어났다.

앞서 우리는 원자마다 고유한 양성자 수가 있다고 배웠다. 그런데 양성자 수에 변화가 일어났다는 것은, 그것이 전혀 다른 원자로 바뀌었다는 말과 같다. 즉 양성자 수가 변했다는 것은 원래의 원자가 소멸하고 새로운 원자가 만들어졌다는 의미인 것이다. 이러한 소멸과 생성 과정에서는 **방사선**도 방출된다. 기존의 원자가 소멸하고 전혀 새로운 물질이 만들어진다는 것은 기존의 물리적 변화와 화학적 변화라는 단순 범주로는 분류될 수 없는 성질의 변화였다. 한마디로 핵반응이란, 기존 세상에는 없던 불세출의 변화였다.

핵반응의 반응 모델 가운데 하나인 핵분열.

03

원자력 발전의 본질은 물을 끓이는 것

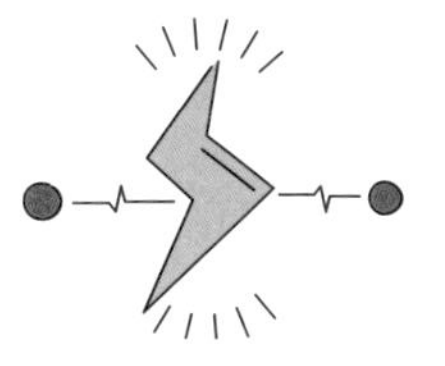

반응 모델이 특별하다는 것 외에 핵반응의 또 다른 특징은 **순간적으로 무시무시한 에너지를 방출한다**는 것이다!

우리는 역사 공부를 통해 2차 세계 대전이 끝나갈 무렵 원자탄 개발이 성공하면서, 그 가공할만 한 위력으로 전쟁이 종식되었다는 사실을 잘 알고 있다. 이때 연료로 사용된 우라늄의 원자핵은 중성자와 충돌한 뒤 두세 개의 중성자를 분출하고 이 두세 개의 중성자가 또다시 세 개의 우라늄 원자핵과 충돌하는 식의 연쇄 반응이 끊임없이 일어났는데, 이 과정에서 충돌 속도가 놀라우리만치 빨랐을 뿐 아니라 그 위력 또한, 신문지상에 오르내리는 가스 폭발 사고와는 비교도 할 수 없는 수준이었다.

다시, 원자력 발전이라는 주제로 돌아와 보자.

그런 어마어마한 에너지를 발전에 어떻게 이용한다는 걸까?

핵반응의 에너지를 곧바로 전기로 변환시킬 수는 없다. 그래서 과학자들은 그것을 먼저 우리의 가장 일상적인 활동 가운데 하나인 **물을 끓이는** 데 활용했다. **핵반응으로 만들어진 열로 먼저 물을 끓여 수증기를 만들어 내고, 그 수증기를 터빈에 통과시킴으로써 발전기의 회전축을 돌려 전기를 생산하는 것이다.**

원자탄의 위력이 이토록 대단하다고 해도, 어느 날 갑자기 원자력 발전소가 폭발해 반경 1만km 이내의 모든 건축물이 폭삭 내려앉지는 않을까 염려할 필요까지는 없다. **원자력 발전소에서 원자탄을 연료로 사용하는 것은 아니기 때문**이다. 국제 원자력 기구의 설명에 따르면, 연료봉이 살상력 있는 무기가 되기 위해서는 핵연료의 내부가 90% 이상 유효 성분으로 이루어져 있어야 하는데, 원자력 발전소에서 사용하는 핵연료에는 유효 성분이 3%에 지나지 않기 때문이다. 그러나 역사상 가장 참혹했던 핵 관련 재앙이 꼭 발전소 때문은 아니었다고 해서 원자력 발전에 아무런 문제도 없다고 안심할 수는 없다.

2011년 3월 11일에 일본 동북부에서 대지진이 발생, 지진의 간접적 영향으로 **후쿠시마 원자력 발전소의 냉각 시스템이 작동**

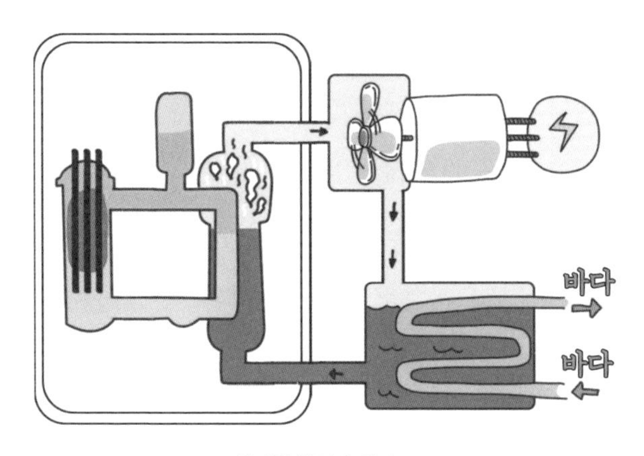

원자력 발전의 원리.

불능 상태가 되면서 대량의 방사능(방사선을 방출하는 능력) **물질이 유출되는** 사고가 있었다. '국제 원자력 사고 등급INES'에서는 이 사건을 최악의 원자력 사고(1~7등급 중 7등급)로 분류하고 있다. 기준치를 크게 초과하는 방사능 수치는 인체와 환경에 참혹한 영향을 미친다. 후쿠시마 원자력 발전소 부근의 방사능 지수는 지금까지도 상당히 높은 수준이다. 대지진 이후 일본 정부는 수년간 피해 복구에 막대한 노력을 기울였지만, 방사능 오염 물질은 여전히 제대로 제거되지 않고 있다. 후쿠시마 사고로 유출된 방사성 물질은 바람을 따라 주변 해안과 내륙까지 퍼져 나갔고, 강우나 강수를 통해 도시, 농촌, 산림, 평야의 토양으로까지 확산, 축적되어 오염을 확대했다. 이러한 재앙의 피해는 일본과 같은 지진대 위에 걸쳐져 있는 타이완에도 심대한 경각심을 불러 일으킨다.

방사능 유출 문제 외에도 원자력 발전에 잠재된 또 다른 문제는 지금껏 논쟁이 끊이지 않고 있는 **핵연료 폐기물**이다. 핵연료 폐기물이 왜 그토록 문제가 되는 걸까? 단순히 '연료의 폐기물'이라면 음료를 마신 뒤 남은 빈 깡통처럼 회수해서 처리하면 되지 않을까?

절대 그렇지 않다. 앞서 우리는 핵반응 과정에서 방사선이 방출된다고 언급한 바 있다. 그렇게 핵반응이 끝나고 남은 물질은 반응이 완료된 원료든, 반응 후 생성된 새로운 원자든, 몹시 불안정하기는 마찬가지다. 더는 중성자와의 충돌이 없다 해도 여전히 자발적 분열이 계속되면서 새로운 원자가 만들어지고 있을 수 있다. 과학에서는 이를 **방사성 붕괴**라 한다.

바로 이 방사성 붕괴 과정에서 대량의 방사선이 방출되고, 이러한 방사선은 암 발생률 및 기형아 출생률을 높이는 등 인체와 환경에 악영향을 미친다. 핵폐기물 처리가 끊임없이 논란이 되는 이유다.

04

"만년이 흘러도" 다 처리 못 할 핵폐기물

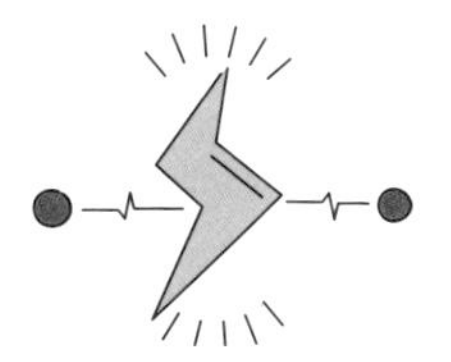

예전에는 남자들이 좋아하는 여자가 있으면 "천년만년 나는 널 사랑해"라거나 "바닷물이 마르고 돌이 닳을 때까지", "이 세상 끝까지 널 사랑해" 같은 뻔하고 믿기 힘든 말로 고백을 하곤 했다. 듣는 입장에서는 다소 황당하고 피식 웃음도 나는 말이었다. 그러나 나는 화학을 연구하는 사람으로서 **한 번쯤 이런 말로 고백을 해 보고 싶다. "난 핵폐기물이 완전히 붕괴할 때까지, 아니 그 이상으로 널 사랑해!"**

현재 타이완에 존재하는 핵폐기물은 크게 **고준위 폐기물과 저준위 폐기물**로 나뉜다. 고준위 폐기물이란 원자력 발전소에서 사용이 완료된 연료봉으로, 약 3~5년에 걸쳐 온도를 낮춘 뒤 지표면에서 밀리 떨어진 지점에 약 40년간 보관했다가 최후에는 사람들의 생활권 바깥(일반적으로 지하 깊은 곳에 매장)에 **약 20만 년** 동안 격리해야 한다. 20만 년은 대체 어느 정도의 세월일까? 지금으로부터 약 20만 년 전은 인류의 조상이 원숭이나 침팬지에서 호모 사피엔스로 진화하던 단계의 시기다. 너무나 멀고 멀어서 우리의 상상 너머에 존재할 것만 같은 시간이다. 그만큼 핵폐기물을 처리하는 데에는 기나긴 세월이 필요하다.

저준위 폐기물은 병원이나 원자력 발전소 등에서 방사성 물질에 오염된 방호 용품이나 설비 등을 가리킨다. 통상적으로 한데 모아 **소각하거나 농축, 고체화**固體化시킨 뒤 드럼통에 넣어 최종 보관 장소로 옮겨진다. 이런 저준위 폐기물은 지하에 20만 년씩이나 매장할 필요는 없다. 안전한 수준까지 복사량이 감소하는 데 '겨우' 수백 년이면 충분하기 때문이다. 저준위 폐기물이라고는 하나 수백 년이라는 시간 또한 인간의 생애로는 다 경험할 수 없는 긴 세월임은 틀림없다.

이렇듯 핵폐기물의 방사능 처리는 보통 까다롭고 위험한 문제가 아니다. 이런 물질을 200년이나 보관하면서 '식힐' 수 있는 장소는 과연 어디일까.

타이완에서는 저준위 폐기물의 경우 란위蘭嶼 섬에 있는 처리장에 보관해 왔는데, 폐기물이 점점 증가함에 따라 1996년 처리장이 포화 상태에 이르렀다. 그러나 지금까지도 처리장 부지

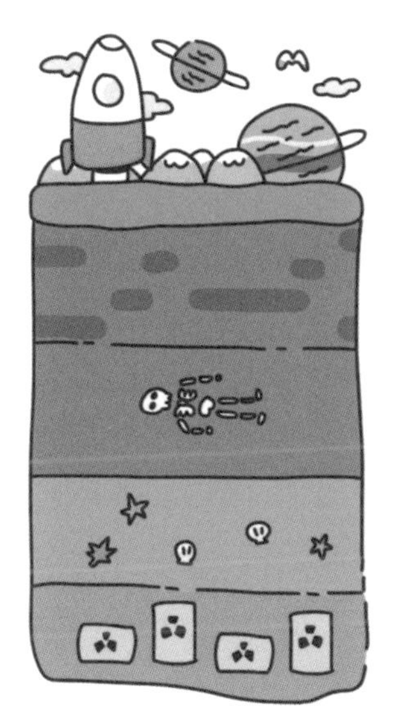

고준위 핵폐기물은 지표면에서 멀리 떨어진 곳에
최소 20만 년 이상의 기간 동안 보관해야 한다.

를 선정할 때마다 해당 지역 주민과의 협의에 실패, 저준위와 고준위 폐기물 모두 처리 공간을 찾지 못한 탓에 세 곳의 원자력 발전소와 원자력 연구소에서 자체적으로 보관하고 있다. [현재 한국에는 고준위 방사성 폐기물 저장 시설은 없으며, 2015년 8월부터 경북 경주에 국내 유일의 중·저준위 방폐물 처분 시설이 운영 중이다. 경주 방폐장 건설 이전에는 각 원전 내 임시 저장소에 방사성 폐기물을 보관해 왔다.]

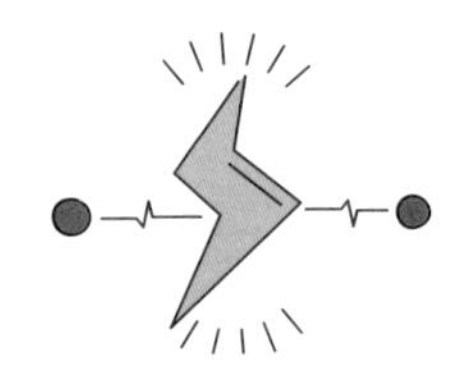

기나긴 반감기

'반감기'는 원자력 공학이나 뉴스에서 흔히 들을 수 있는 말로, 원자핵마다 다른 붕괴 속도를 객관적으로 비교하기 위해 절반까지 농도가 감소하는 기간을 기준으로 삼은 단위다. 반감기의 의미는 '물질의 농도가 원래의 절반이 될 때까지 걸리는 시간'이다. 원자탄의 주역인 우라늄-235의 경우, 반감기가 무려 7억 년에 달한다. 즉, 7억 년이라는 긴 시간이 흘렀어도 우라늄-235는 절반밖에 붕괴하지 않았다는 의미다. 그런데 이걸로 끝이 아니다. 아직도 나머지 절반의 반감기, 반의 반감기…가 남아 있기 때문.

하염없이 긴 세월의 기다림이로구나….

05

저나트륨 소금의 방사능, 과연 얼마나 치명적인가?

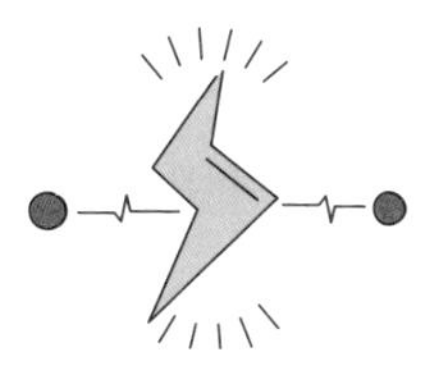

방사능은 어느 정도로 위험한 것일까? 언론에서 방사능의 위험성을 과장하는 경향이 있다 보니 사람들은 방사능이라는 말만 들어도 공포에 떤다. 그러나 사실 방사능은 이미 우리의 생활 곳곳에 존재한다(태양광, 우주 방사선 등). 안전한 범위 이내의 피폭량이라면 일상에서는 걱정할 필요가 전혀 없다. 방사능에 대해서는 다음의 사실을 꼭 기억할 필요가 있다.

이 세상에 절대적으로 안전한 물질은 없다.
안전 범위 이내의 허용치가 있을 뿐.

2020년 5월, 타이완에서는 "저나트륨 건강염, 사실은 방사능

소금!"이라는 뉴스에 온 사회가 들썩거렸다. 이 소식은 식품 안전을 걱정하던 사람들의 공포감에 불을 지폈고, 수많은 소비자가 제품 판매처로 찾아가 환불을 요구하기도 했다. **그런데 저나트륨 소금은 정말 그렇게 위험한 것일까?**

이 뉴스의 진위를 확인하기 위해서는 중요한 문제 하나를 짚고 넘어가야 한다. **저나트륨 소금의 방사능 수치는 안전 범위 이내인가, 이상인가?**

저나트륨 소금에는 분명 방사선이 존재한다. 이 방사선은 **칼륨-40**에서 나오는 것이다. 그런데 칼륨-40이라니? 칼륨이면 칼륨이지, 뒤에 붙은 숫자는 또 뭔가? 우리는 이 지점에서 잠시 원자 유치원으로 돌아갈 필요가 있다. 먼저 양성자를 기준으로, 칼륨-40이 어떤 친구인지 찾아보도록 하자.

우리는 앞서 양성자 수가 원자의 이름을 결정한다고 배운 바 있다. 그런데 어느 순간 과학자들은 같은 이름의 원자라도 다 똑같이 생기지 않았고, 어떤 원자는 조금 뚱뚱하고 어떤 원자는 조금 홀쭉하다는 것을 발견했다.

이것은 보통 문제가 아니었다. 같은 반에 '천이쥔陳怡君'이라는 똑같은 이름을 가진 아이가 세 명 있다고 치자.

이 친구의 이름을 어떻게 불러야, 당신이 부르고 싶었던 그 친구가 당신 쪽으로 고개를 돌릴까?

과학자들이 생각해 낸 방법은?! 이런 방법이 조금은 유치하고 뻔해 보일 수 있지만, 과학자들은 원래 빙 둘러 표현하는 걸 좋아하지 않는다. 그러니 당신도 너무 어렵게 생각할 필요 없다. 그냥 "천이쥔!"이라고만 부르면 일단 세 명이 다 고개를 돌릴 것이다. 그럼 그다음 "몸무게가 20kg인, 너!"라고 덧붙이는 것이다. 그러면 몸무게 20kg인 그 천이쥔은 어금니를 꽉 깨물겠지만, 당신은 부르고 싶었던 그 친구를 정확히 가려낼 수 있다.

과학자들도 같은 이름의 원자를 가려낼 때 같은 방법을 쓴다. 아까 나온 '칼륨'을 예로 들어보자. **'칼륨-40'이란, 양성자 수와 중성자 수의 합이 '40개'라는 의미다.** 앞서 우리는 양성자와 중성자의 무게가 원자 전체 무게의 대부분을 차지한다고 배웠다. 그러므로 양성자 수와 중성자 수의 합은 곧 원자의 무게를 대표하는 것이 된다. 칼륨-40은 **자신보다 조금 날씬한 '칼륨-39'와 자신보다 조금 뚱뚱한 '칼륨-41'**이라는 형제도 있다.

칼륨 뒤에 붙은 숫자는 칼륨의 중량을 의미하기도 하지만, 이 안에는 **또 다른 비밀**이 존재한다.

그게 무엇일까? '칼륨-39', '칼륨-40', '칼륨-41'은 모두 양성자 수가 같은 '칼륨'이다. 그렇다면 달라지는 것은 무엇일까? 그렇다, 바로 **중성자의 개수**다! 중성자 수가 원자의 중량에 미치는 영향을 절대 과소평가해서는 안 된다. 그것이 아무리 작은 차이

양성자 수는 같아도 중성자 수가 다른 '칼륨' 형제들.

에 불과할지라도 '칼륨-40'의 방사능은 다른 형제들의 방사능 수치와는 차원이 다르기 때문이다(이를테면, '우라늄-235'의 뚱뚱한 형제인 '우라늄-238'만 해도 원자탄 연료로는 쓸 수 없다).

저나트륨 소금에 방사능이 있는 '칼륨-40'이 함유되어 있다면, 집에 있는 저나트륨 소금도 다 내버려야 하나?

너무 걱정할 필요 없다. 앞에 나왔던 '절대적으로 안전한 물질은 없다, 안전 범위 이내의 허용치가 있을 뿐'이라는 말을 기억하는가? 비록 저나트륨 소금을 섭취하면 '칼륨-39', '칼륨-40',

'칼륨-41' 형제가 모두 뱃속으로 들어오지만, 이들 성분이 자연에서 존재하는 비율은 각각 다르다. 저나트륨 소금의 경우, 방사능 없는 안전한 성분인 '칼륨-39'와 '칼륨-41'이 거의 100% 가까이 차지하고 있고, 방사능을 방출하는 '칼륨-40'은 단 0.015%만 차지하고 있을 뿐이다. 따라서 저나트륨 소금을 통해 칼륨-40을 섭취하게 되더라도 극히 미량에 불과해 언론에서 호들갑 떠는 것처럼 공포에 휩싸일 필요가 전혀 없다. 오히려 그런 성분이 있는지조차 몰랐거나, 알더라도 정확한 비율까지 알고 있는 사람은 거의 없었을 것이다.

그래도 안심이 되지 않는다면, 이런 사실도 염두에 두길 바란다. 바나나, 고구마, 고구마순 같은 식재료에도 칼륨이 함유되어 있지만, 하루 종일 이 식품들만 먹으며 '칼륨-40'을 섭취한다 해도 **방사능 수치가 너무 미미해서** 무시해도 좋을 정도라는 것.

타이완 행정원 원자력 위원회에서는 시중에 나와 있는 방사능 최고 수치의 저나트륨 소금을 1년 내내 섭취한다 해도 소금을 통해 피폭되는 방사능 수치는 타이베이와 뉴욕을 왕복 비행하면서 피폭되는 우주 방사능 수치와 비슷한 수준에 불과하다고 발표한 바 있다. 그러므로 공포감을 자극하는 매스컴의 호들갑에 너무 휘둘리지 말기를!

PART 3

우리가 느끼는 당도는 서로 다르다

— '농도'의 비밀

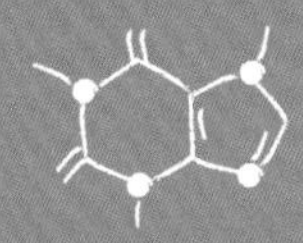

타이완의 중학교 교과서에 실린 「아량雅量」이라는 글에는 이런 재미있는 일화가 나온다. 똑같은 체크무늬 원단을 보고도 어떤 사람은 '옷감' 같다고 하고, 어떤 사람은 '바둑판' 같다고 하고, 어떤 사람은 '녹두떡' 같다고 하더라는 이야기이다. 우리의 일상에서도 저마다 자신만의 '감'으로 이렇다 저렇다 하는 대표적인 체험이 바로 '농도'다. 그러나 오늘날 과학에서는 미각이나 시각, 후각, 촉각 등에 의지하는 주관적 느낌이 아니라 객관적인 '숫자'로 농도를 표기한다.

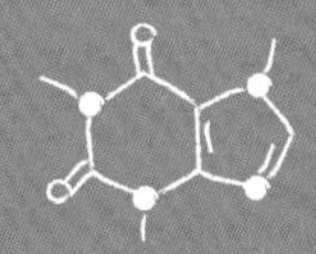

01

농도를 수치화해 객관적으로 판단한다

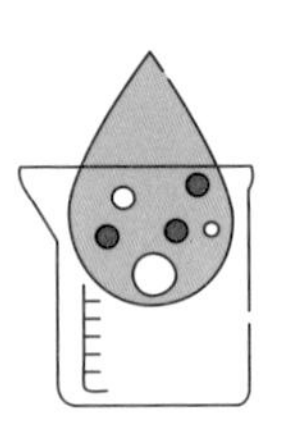

“아, 더워!”

뜨거운 뙤약볕 내리쬐는 여름이 되면, 길을 가다가도 ‘어디 시원한 음료 마실 데 없나’ 두리번거리게 된다. 전방 500m 앞에 목표 지점 발견! 당신은 아이스 밀크 티 한 잔을 주문하러 간다.

“얼음 추가하시겠어요? 단맛은 어느 정도로 원하세요?”

상냥한 직원의 난해한 질문에 당황한 당신.

“어… 얼음은 다섯 개 정도… 단맛은 조금만… 아니, 당신처럼 아주 달콤하게요! 하하.”

그러자 당신보다 더 당황한 점원이 고개를 갸웃거리다 미간을 찌푸릴 것처럼 보이자, 손사래를 치며 해명하는 당신.

“농담이에요, 하하. 단맛은 절반쯤, 얼음은 조금만요. 감사합니다!"

많은 외국인이 타이완에 여행 왔다 가장 당황하는 순간도 이렇게 음료를 파는 매장에서 원하는 단맛과 얼음의 양을 물어 올 때다. 그러나 사실 이런 매장에서는 고객이 원하는 단맛을 설명하느라 하루 종일 진을 빼는 일이 없도록 단맛의 정도와 얼음 양을 '고객 맞춤형'으로 정해 놓고 있다.

이처럼 농도를 '수치화'한다는 것은 우리의 일상에서도 대단히 중요한 문제다. 과연 얼마나 중요할까? 수치화의 중요성을 말해 주는 예는 헤아릴 수 없이 많다. 집마다 있는 표백제만 해도 적당한 비율로 희석을 시켜야만 살균과 소독 효과를 제대로 볼 수 있다. 그럼 정확히 얼마만큼의 물로 희석해야 할까? 바로 이 지점에서 농도의 수치화라는 **정확성**이 요구되는 것이다. 표백제는 본래 강력한 산화제이기 때문에 충분히 희석해서 사용하지 않으면 사람이나 동물에게 해를 입힐 수 있다. 그렇다고 너무 많이 희석해 버리면 살균이나 소독 효과를 제대로 볼 수 없다.

농부가 논밭에 뿌리는 비료도 마찬가지다. 규정대로 정확히 물과 비료를 섞어야만 작물의 생장을 도울 수 있다. 비료의 농도가 너무 높아도 작물이 양분을 제대로 흡수하지 못해 말라 죽을 수 있기 때문이다.

난시 그냥 느낌에, 내가 보니까, 이 정도면이라는 감에 의지해서 배합하면 어떻게 될까? 우리의 일상에서도 정확한 계량과 농도의 수치화는 이렇게나 중요하다.

농도의 정의에 대해 이해하기 전에, 다음의 광경을 한번 떠올려 보자. 오늘의 저녁 식탁 위에 국 두 그릇이 놓여 있다. 하나는 국물 한 모금도 삼킬 수 없을 만큼 짜고, 다른 하나는 맹물을 끓였나 싶을 만큼 싱겁다. 당신이라면 두 국의 염도가 다른 이유를 어떻게 설명할 것인가?

짠 국물에 대해서는 '소금을 너무 많이 넣었다'라거나 '물이 너무 적게 들어갔다'라고 할 수 있다. 싱거운 국에 대해서는 '소금을 너무 적게 넣었다'라거나 '물이 너무 많이 들어갔다'라고 할 수 있을 것이다.

바로 이 네 가지 대답 안에 농도의 개념이 다 들어 있다. 물과 소금의 '비율'을 같이 언급해야만 농도를 표현할 수 있는 것이다. 맛이 얼마나 짜게 느껴지느냐는 소금을 얼마나 넣었는지에 따라서만 정해지지 않고, 물이 얼마나 들어갔느냐에 따라서도 달라지기 때문이다.

휴대폰 할부 구매를 예로 들어 보자. 몇 십만 원 하는 휴대폰이라도 12개월 할부로 구입하면, 지불하는 돈의 총량은 같을지언정 '시간'에 의해 금액이 '희석'되어 가격 부담의 고통이 덜해진 탓에 지갑에서 큰돈이 나간다고 잘 실감나지 않는다. 반대로, 똑같은 휴대폰이라고 해도 일시금으로 구매하면 한번에 거액이 '뭉텅' 빠져나가기 때문에 지갑을 쥔 손이 덜덜 떨릴 수도 있다. 다시 농도로 돌아와, 국 안의 소금이 휴대폰 가격, 물이 시간이라고 치자. 결과적으로 국 한 그릇을 마심으로써 먹게 되는 소금의 총량은 같을지라도, 국의 농도는 얼마든지 달라질 수 있다. 똑같은 양의 소금이 얼마나 많은 혹은 적은 물에 희석되었는가에 따라.

그러므로 **두 국의 염분 농도를 비교할 때에는 소금이 얼마나 들어갔는가만이 아니라, 같은 부피 혹은 같은 중량을 기준으로 그 안에 얼마만큼의 소금이 들어갔는가를 두고 비교해야 한다.** 똑같이 100㎖의 국인데 왼쪽 그릇에는 소금이 1g, 오른쪽 그릇에는 소금이 2g 들어갔다면, 우리는 객관적으로 오른쪽 국이 염분 함량도 높고 맛도 짜다고 평가할 수 있다.

농도의 수치화가 우리 생활에 얼마나 큰 영향을 미치는지 보여 주는 사례는 대단히 많다. 오랜만에 친구들과 모인 자리에서 술을 마시는 경우, 우리는 보통 맥주를 평범하고 친근한 술로 여기는 반면, 독한 술은 쉽게 마시지 않으려는 경향이 있다. 독한 술은 농도가 높아 조금만 마셔도 취하기 쉽고, 그래서 많이 마실 수 없기 때문이다. 그런데 술의 알코올 농도는 어떻게 알

일반적으로 맥주의 알코올 농도는 5도다.
맥주 100㎖ 안에 5㎖의 알코올을 함유하고 있다는 의미.

수 있는 걸까? 술병을 자세히 보면 '알코올 농도'가 표시되어 있고, 그 표시 밑으로는 알코올 농도를 표기하는 단위가 '도度'라는 것을 알 수 있다.

과연 '도'가 무슨 뜻일까?

타이완의 '주류 표시 관리 방법' 6조에서는 '주류 100㎖당 함유된 알코올의 ㎖'라고 규정되어 있다. '부피 백분율 농도'라고도 하며, '%'로 표시되기도 한다. 즉 5도(%)의 술은 '술 100㎖당

5㎖의 알코올이 함유되어 있다'라는 의미다. 그러므로 도수가 높은 술은 알코올의 농도가 높아 쉽게 취한다.

일반적으로 맥주의 알코올 농도는 5%인 반면, 소위 독한 술로 꼽히는 고량주는 알코올 농도가 무려 58%에 달한다. 바로 이것이 농도의 수치화가 보여 주는 정확성이다. 숫자는 객관적이기 때문에 알코올 농도가 '5도'라고 표시된 맥주는 어떤 브랜드의, 어떤 공장에서 제조된 맥주든 간에 모두 같은 농도다. 이 말은 어떤 브랜드의 맥주는 아무리 마셔도 정신이 멀쩡한데, 어떤 브랜드의 맥주는 몇 모금 마시자마자 인사불성이 되어 버리는 그런 일은 없다는 뜻이다.

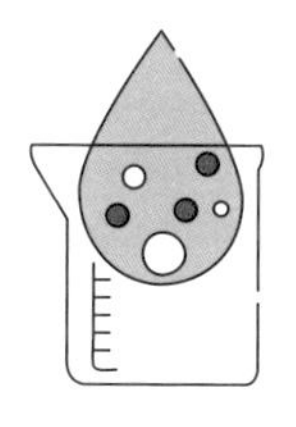

02

같은 농도, 다른 표현

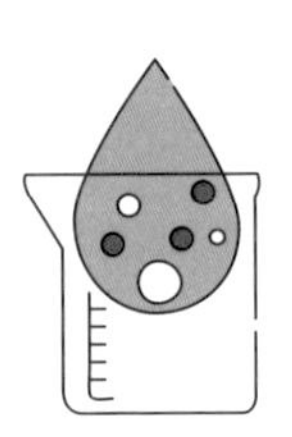

농도를 표시하는 방식은 한 가지가 아니다. 다시 주류를 예로 들면, 해외의 몇몇 나라들은 우리가 듣기에 조금 생소한 방식인 **무게 백분율**weight percentage **농도**로 표시한다. **술 100g 안에 함유된 알코올의 g**(그램). 보통 용량이 표시된 계량컵이 있는 가정은 많지만, 음식의 무게를 잴 수 있는 저울도 있는 경우는 많지 않다. 더욱 부피는 한눈에 시각화되어 대략적인 판단을 내리기 쉬우므로 주류의 농도를 이해하기에는 용량 표시 방식이 더 쉽다.

그러나 부피 백분율 농도로 계산하는 방식은 다른 영역에서는 그다지 활용도가 높지 않다. 앞에 나온 국물에 들어간 소금처럼, 액체에 용해된 다른 물질이 꼭 액체는 아니기 때문이다.

소금 같은 고체 분말을 용량으로 표시하는 것은 썩 좋은 방법이 아니다. 그래서 과학에서는 보통 무게를 기준으로 계량한다.

그 외에도, **서로 종류가 다른 액체를 한데 섞을 때는 두 액체의 용량에 가성성**加成性[여러 성분으로 이루어진 혼합물의 양이 각 성분의 합과 같은 것]**이 성립하지 않는 경우가 많다.** 예를 들어, 물 1mℓ와 알코올 1mℓ를 한데 섞으면 정확히 2mℓ가 될까? 그렇지 않다! 2mℓ보다 조금 적은 용량이 된다.

그러므로 부피 백분율 농도는 주류의 알코올 농도와 같은 소수의 몇몇 영역에서만 사용될 뿐이다. 우리가 평소 주의를 기울이지 않는, 이를테면 **생리 식염수의 농도는 상당히 특이한 방식으로 표시되는데, 생리 식염수 100mℓ당 함유된 식염의 'g'을 표시한다.** 이를 통해 농도를 표시하는 방식은 고정적으로 정해져 있지 않으며, 현장에서 그것을 활용하는 사람들이 보기에 가장 상관성 높은 방식으로 물질의 비례를 표시한다는 것을 알 수 있다.

그런데 매스컴에 나오는 채소·과일의 농약 기준치나 토양의 중금속 오염에 대한 뉴스에서는 앞서 나온 '도'나 '%'가 아닌, 전혀 다른 농도 단위를 듣게 된다. 바로 PPM이다. 간혹 PPB가 나올 때도 있다. 이런 건 대체 뭘까?

앞에서도 언급했듯이, 각각의 단위는 그것이 최적으로 사용되는 때가 따로 있다. 농약이나 중금속은 건강에 미치는 해가

'중량 백분율 농도'로 표시되는 생리 식염수.

크기 때문에 잔류 허용치에 대한 기준이 상당히 엄격하다. 잔류 성분이 아무리 미미한 농도라 해도, 이런 액체가 무색이기까지 하다면 그냥 물처럼 보일 수 있으므로 (이런 성분은 아무런 자각도 없이 섭취하게 된다) 정밀한 기기를 통해서만 검출할 수 있다. 이러한 점으로 미루어 볼 때,

PPM, PPB라는 것은 '극소량'의 농도를 표기하는 단위임을 알 수 있다.

PPM은 Parts Per Million의 약자로 **백만분 율**이라는 뜻이다. **1ppm은 100만분의 1**을 의미한다. (ppm은 PPM과 같으나, 숫자 옆에 단위로 표시될 때는 주로 소문자를 쓴다.) PPM은 얼핏 보기에 무게나 부피, 어느 쪽을 기준으로 한 비율인지 알 수 없지만, 특정 조건을 명시하지 않았다면 대부분 '무게 비'를 의미한다.

예를 들어, 어느 음료 매장에서 판매하는 찻잎에서 50ppm의 농약이 검출되었다는 것은 찻잎 100만g당 농약 50g이 검출되었다는 의미다.

그러나 대기 과학大氣科學에서는 기체가 가벼운 데다, 무게를

찻잎의 농약 진류량이나 대기 중의 이산화 탄소 함량은
모두 '극소량'에 대한 농도 단위로 표시한다.

측정하기 어려운 탓에 주로 '부피 비'로 활용된다. 예를 들어, 오늘의 이산화 탄소 농도가 400ppm이라면 공기 100만㎖당 이산화 탄소 400㎖가 포함되어 있다는 뜻이다. (간혹 ppmv라고 표기되기도 하는데, 여기서 'v'는 '부피'를 의미한다.)

PPM이라는 단위가 조금 복잡하게 느껴지는가? 상관없다, PPM도 우리에게 익숙한 단위인 백분율, 즉 '%'와 비슷한 개념이라고 보면 된다. '%'가 '100분의 1'이라면 PPM은 '100만분의 일'인 것이다. 그래서 이 두 단위 간에는 환산도 가능하다. 즉 '1%'는 1만ppm과 같다. 단, **처음의 단위가 '중량 비'를 의미했다면 환산한 결과도 '중량 비'이지 '부피 비'가 아니라는 점에** 유의해야 한다.

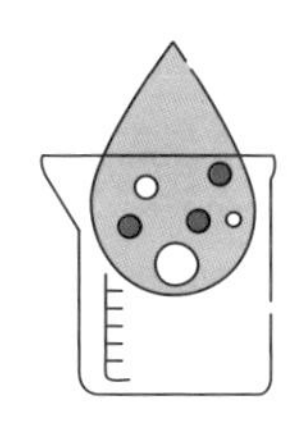

1+1은 곧 2가 아니다

물 1g과 알코올 1g을 혼합하면 당연히 2g이 된다. 그러나 물 1mℓ와 알코올 1mℓ를 혼합하면 2mℓ에 조금 못 미치는 양이 된다. 물과 알코올이 만나면 강한 흡인력으로 서로를 끌어당기기 때문이다. 반대로 어떤 분자들은 혼합하면 서로를 밀어내는 척력이 작용하여, 혼합 후 최종 부피가 각각의 합보다 더 커지기도 한다. 특히 벤젠과 초산을 혼합했을 때 그렇다. 과학적으로 액체에서는 부피 가성성이 성립하지 않는다. 혼합 후의 부피가 혼합 전 각각의 부피의 합과 일치하지 않는다는 의미다.

혹시 사랑에도 가성성이 성립하나요…?

03

육안의 한계로 만들어진 여러 가지 농도 단위

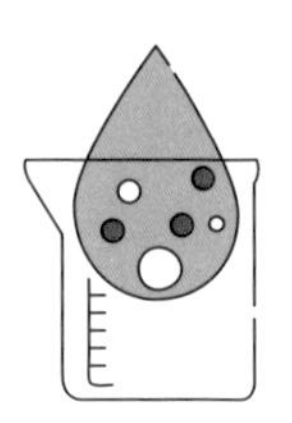

그런데 이미 백분율이 있는데 어째서 PPM이라는 단위를 굳이 새로 만든 것일까? 그것은 인간의 눈이 가진 한계 때문이다.

실험을 하나 해 보자!

다음 페이지에 있는 숫자 조합을 보고,
각 줄의 숫자가 모두 몇 개인지
2초 안에 답해 보라.

이것은 당신의 시력을 측정하기 위한 테스트가 아니다. 자릿수 많은 숫자를 짧은 시간 내에 파악하는 것은 대부분의 보통 사람에게는 쉽지 않은 일이다. 통상적으로 사람들은 1~1000까

100

→ 답은 0이 2개(간단하죠?)

1000000

→ 답은 0이 6개(조금 어려웠나요?)

100000000000000000

→ 답은 0이 17개(정말 2초 안에, 0이 몇 개인지 한눈에 알아봤나요?)

지의 숫자와 소수점 아래 세 자리 숫자를 읽는 데까지만 익숙하다(예를 들어, 0.123). 그 이상을 넘어가면 다 읽기도 어려운 데다, 읽다가 틀릴 가능성도 커진다.

PPM은 그래서 생겨났다. PPM은 100만분의 1을 의미하므로, 매번 소수점 뒤로 0이 몇 개 있는지 셀 필요가 없다. 0.000006을 6ppm으로 표기하면, 표기하기도 쉽고 이해하기도 쉽다.

PPM이라는 단위도 너무 큰 경우에는 어떻게 해야 할까? 걱정할 필요 없다. 그런 경우를 위한 또 다른 단위가 있다. 바로 10억 분 율인 PPB. 더 작은 단위가 필요하다면? 그것도 있다. 조兆 분 율인 PPT.

지금까지 나온 단위들이 너무 많다고 느껴질 수도 있지만, 어렵게 생각할 필요 없다. 이 모든 단위는 어디까지나 읽기 편하기 위해 만들어졌으므로 꼭 어떤 단위를 사용해야 한다고 강제되지 않는다.

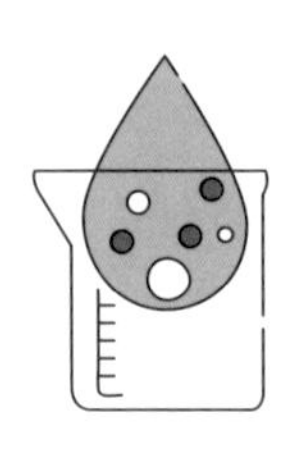

04

‘미검출’이란 아름다운 신화일 뿐이다

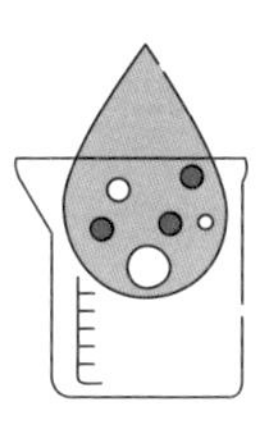

그런데, PPM이나 PPB처럼 희박한 농도는 대체 어떻게 검출하는 걸까? 바로 오늘날의 빛나는 과학 기술을 통해서다. 많은 식품 업체가 제3의 기관에 농약 및 중금속 잔류 테스트를 의뢰한 뒤 ‘미검출’이라는 결과를 얻으면, 이를 해당 식품의 안전성을 입증하는 근거로 홍보하는 모습을 자주 보게 된다. 2016년도 타이완을 뜨겁게 달군 클렌부테롤clenbuterol[본래는 기관지 확장제, 천식 치료제로 쓰이는 약물이다. 하지만 체내 지방을 분해하여 골격 근육량과 근력을 증가시키고 체중 감량에도 도움이 된다고 하여 경기력 향상 및 다이어트 목적으로도 남용되는 한편, 돼지의 살코기 성장 촉진제로도 쓰이는 물질이다] 사건[미국-타이완 무역 투자 기본 협정TIFA에 따라 수입 개방하기로 한 미국산 돼지고기에 클렌부테롤이 함유되어 있다는 논란에, 수입 찬반에 대한 논의가 있었다]은 잔류 허용치의 기준에 대한 격렬한 논쟁을 불러일으킨 동시에, **미검출**이라는 말이 일종의 신화일 수 있음을 각인케 한 사건이다.

'미未검출'은 '불不검출'이라는 말과 비슷해 보이는데, 왜 굳이 '미검출'이라고 하는 걸까? 설마 둘은 다른 뜻이란 말인가? 다르다면 도대체 어떻게 다른 걸까?

그 전에 먼저 '검출'이라는 말의 정의부터 알아보자.

'검출'이 된다는 것은 '검출되지 않을 수도 있다'는 뜻인가?

그렇다. '제3의 기관'에 의뢰했다고 하면 얼핏 공신력 있게 느껴지지만, 과학 기술이 아무리 눈부시게 발전했다 해도 한계는 여전히 존재한다. 검출 기기가 아무리 '용을 써도' 힘이 미치지 못할 때가 있다. 특정 성분이 특정 농도 이하일 경우, 검출 기기는 해당 성분이 함유되어 있는지 판별하지 못한다.

그런데도 우리는 마치 **이런 검출 기기가 사람은 못 보는 미세한 기미까지 감지하는 만능 로봇이라도 되는 듯 여긴다. 그러나 그 기기 역시 어디까지나 사람이 만든 것에 불과하다.** 이것은 마치 시력이 아무리 좋은 사람도 세균이나 바이러스까지 볼 수는 없는 것과 비슷하다. 비록 저 '로봇'들이 사람을 대신해서 미세한 농도까지 감지하긴 하지만, 특정 수치 이하의 농도는 분석도가 더 높은 다른 '로봇'을 찾아야만 한다. 그 다른 로봇조차 감지해 내지 못하는 농도라면, 안타깝지만 방법이 없다.

그래서 식품 업체에서 제시하는 보고서에는 검출 항목마다 **방법 검출 한계**라는 말이 첨부된 것을 볼 수 있다. 방법 검출 한계란, 해당 물질을 검출할 수 있는 최소 농도를 가리킨다. 이 문구가 첨부되어 있지 않으면, 모든 항목에서 미검출이라는 결과가 나왔다 해도 그 결과는 신뢰할 수 없다.

그러므로 검출 보고서의 '방법 검출 한계'가 2ppm이라면, 해당 보고서에 '미검출'로 표시되어 있다고 해서 반드시 해당 물질이 전혀 함유되어 있지 않다는 뜻은 아니다. **단지 해당 물질의 농도가 2ppm 이하일 수 있다**는 뜻일 뿐이다. 이것을 다시 사람의 눈에 비유하면, 우리 눈에 세균이 보이지 않는다고 해서 세균 자체가 존재하지 않는다고 단언할 수는 없는 것과 비슷하다.

그러므로 어떤 기기든 검출 한계라는 것이 존재하는 한, 어떤 기관도 '불검출'이라고 단언하는 결과를 내놓을 수는 없다. 이것은 바꾸어 말하면, 이 세상 어떤 기기도 '해당 표본이 특정 물질을 전혀 함유하고 있지 않다'라고 보증할 수는 없다는 뜻이기도 하다.

모든 검출 기기에는 방법 검출 한계가 존재한다.

과학 기술의 발달로 검출 한계가 점점 낮아질 수는 있지만, 지금까지 발전한 정밀한 검출 기술 이상으로 **더더욱 완전하게 '불검출'을 향해 나아가야 할 필요성이 있을까?**

다른 영역은 모르겠지만, 식품 안전에 있어서만은 많은 성분에 대해 안전 허용치라는 것이 존재한다. 앞에서도 "이 세상에 절대적으로 안전한 물질은 없다, 안전 범위 이내의 허용치가 있을 뿐"이라고 말한 바 있다. 무엇이든 과도하게 섭취하지만 않는다면, 우리 몸에는 별다른 영향이 없다. 따라서 검출 한계가 계속해서 낮아져 아주 희박한 농도까지 감지할 수 있게 되더라도, 그런 이유로 인체가 특정 성분들을 받아들이는 정도가 늘거나 줄지는 않는다.

위험 성분에 대한 검출 한계가 낮아지면 그만큼 소비자들이 더 안심할 수는 있을 것이다. 그러나 이런 소비자들의 요구를 그대로 따라 불검출을 추구하는 방향으로만 나아간다면, 그것은 소비자의 부정확한 농도 개념을 그대로 추종하는 것이 될 뿐 아니라 그 과정에서 시간과 인력, 물자 등 많은 잠재적 사회적 비용을 소모하게 된다.

다시 말하지만, '불검출'이란 달성 불가능한 임무와 같은 것이다. 검출 한계를 아무리 낮춘다 해도 더 낮은, 더 낮은… 검출 한계의 새로운 이정표가 끊임없이 기다리고 있을 뿐이다. 이것은 사실상 언제 끝날지 알 수 없는 악순환에 가깝다. 농약 잔류량이든 중금속 함량이든 완벽한 '불검출'만을 추구하기보다 해당 성분의 함량이 '안전 허용치 이내'임을 보증하고, 소비자에게는 조리 전 식자재를 깨끗이 세척, 관리하기를 권장하는 것이 낫다.

지금까지 '반만 달게, 얼음은 조금'만 추가한 아이스 밀크 티에서부터 국물의 짠맛, 술의 알코올 함량, 식품 안전 검출 보고서에 이르기까지 농도에 관한 다양한 사례를 알아보았다.

사실 농도의 높고 낮음은 인간의 미각에 영향을 미치기도 하지만, 다른 많은 생활 속 흥미로운 자연 현상들도 농도와 관련이 있다. 당신도 '등장성 음료isotonic drink['등장성等張性'은 '등삼투압'과 같은 뜻으로, 어떤 삼투압이 사람 피의 삼투압과 똑같은 성질을 뜻한다. 등장성 음료는 탄수화물과 전해질이 풍부하고 체액과 비슷한 상태여서 몸에 빨리 흡수된다고 알려진 스포츠 음료를 말한다]'라는 것을 들어 본 적이 있는가? 어째서 바닷물은 마실수록 더 갈증이 날까? 다음 장에서는 우리 주변에 숨어 있는 또 다른 화학의 비밀을 풀어 보자!

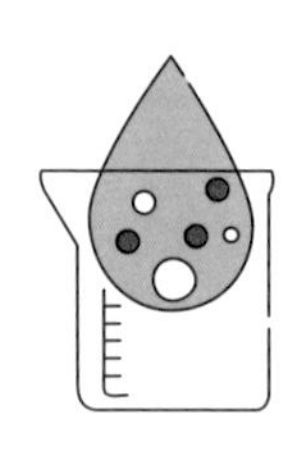

안전 허용치의 중요성

안전 허용치는 과연 얼마나 중요할까? 우리가 '생명의 근원'으로 여기는 물은 사실 배를 띄울 수도, 뒤엎을 수도 있는 양면성의 위력을 가졌다. 물은 생명 유지에 필수 불가결한 것으로, 그 자체로 무해해 보이지만, 단시간 내 너무 많은 수분을 섭취하면 혈중 나트륨 이온 농도가 저하되어 어지럼증이나 구토를 유발할 수 있고, 심한 경우 사망에 이를 위험성도 존재한다. 이를 '물 중독'이라 한다. 의사들이 물을 무조건 아무 때나 많이 마시라고는 권장하지 않는 이유다.

물도 너무 많이 마시면 탈이라네….

PART 4

물 분자의 삼투 임무

— '삼투압'과 '반투막'에 대하여

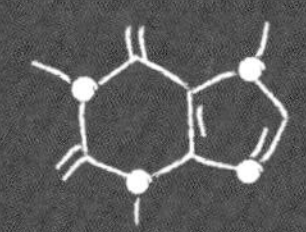

나의 어머니는 아마도 나에 대한 관심과 사랑 때문이겠지만 잔소리가 너무 많으시다. 인터넷에서 건강에 대한 기사를 접하거나 TV에서 음식 정보 프로그램이라도 보고 오시면 "채소를 많이 먹어야 한다더라", "하루 종일 컴퓨터 앞에만 앉아 있지 말고 일어나서 좀 움직이고 그래야지", "밖에서 찬 음료 너무 많이 사 마시고 다니지 마라", "목마르면 물을 마셔야지, 왜 다른 걸 마시니?" 등등…. 우리 몸의 무게에서 60~70%를 차지하고 있는 물은 신진대사를 활성화하고 체온을 조절하는 등 여러 가지 중요한 역할을 한다. 특히 혈액의 90%는 물로 이루어져 있어서 물을 너무 적게 마시면 건강에도 문제가 생긴다. 이 장에서는 '물'에 대해 자세히 알아보자.

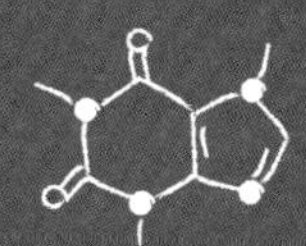

01

반투막은 VIP 회원만 통과시키는 관문

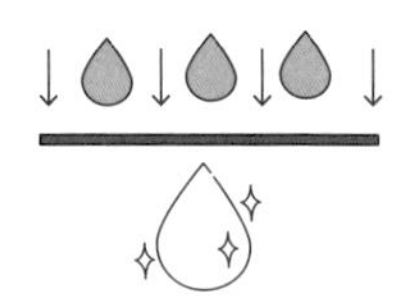

물은 참 재미있는 물질이다. 물은 지구상 면적의 71%를 차지하고 있지만, 많은 국가가 수자원 부족에 시달리고 있다. 왜일까? 지구 과학을 공부한 사람이라면 모두 알고 있겠지만, 지구상에 존재하는 물의 97%가 **해수**이기 때문이다. 더 잔혹한 현실은 **나머지 3%에 해당하는 담수**의 대부분도 인간이 활용하기 어려운 빙산이나 지하 심층부에 저장되어 있다는 사실이다. **단 0.03%의 담수만이 지표면에 흐르는 강이나 호수의 형태로 존재한다.**

바닷물은 짜고 쓰다. 특수한 담수화 공정을 거치지 않는다면, 인간은 결코 바닷물로는 목마름을 해소할 수가 없다. 많은 해난 사고 생존자들이 가장 고통스러워하는 기억도 눈앞의 바

지표면의 71%는 물로 이루어져 있지만,
그중 97%가 바닷물이며 3%만이 담수이다.

닷물을 보고도 마실 수 없다는 사실이었다고 한다. 그런데

어째서 바닷물은 마실수록 더 갈증이 나는 걸까?

먼저 바닷물의 성분에 대해 알아보자. 볕이 뜨거워지는 여름이면 바닷가로 놀러 가 물놀이를 해 본 경험이 있을 것이다. 물에 풍덩 뛰어들어 물장구를 치고 놀다 보면 바닷물이 입속으로 들어가기도 한다. 이때 맛보는 바닷물은 정말이지 짜고 쓰다. 이런 맛은 주로 바닷물에 녹아 있는 **염화 나트륨**과 **염화 마그네슘**

때문이다.

염화 나트륨, 염화 마그네슘이라고 하면 엄청 특수한 화학 성분 같지만, 이 두 가지 성분은 우리의 집 안에, 손만 뻗으면 닿을 자리에도 있다. 국이나 찌개를 끓일 때, 나물을 무칠 때 넣는 **'소금'의 주성분**이기 때문이다. 바닷물은 바로 염화 나트륨 때문에 짠맛이 난다. 쓴맛이 나는 것은 소금을 이루는 또 다른 성분인 '염화 마그네슘' 때문이다.

그 외에도 바닷물은 다른 많은 미네랄을 함유하고 있다. 담수에 비해 상대적으로 많이 함유된 이런 성분들을 통칭 **염분** 물질이라고 한다. 바닷물의 염분 농도는 일반 음용수에 비해 상당히 높은 수준인 3.5%다. 숫자 자체는 그리 커 보이지 않지만, 이런 농도의 바닷물이 인체에 미치는 영향은 상당히 크다. 바닷물을 마시면 인체에 수분을 보충해주는 것이 아니라 되려 심각한 탈수를 유도할 수 있다. 민달팽이 위에 소금을 뿌리면, 민달팽이의 체내에서 수분이 빠져나오면서 오그라드는 것과 비슷하다.

이렇게 염분 농도가 높은 바닷물은 어떻게 해서 인체에 탈수를 일으키는 걸까? 먼저 우리 몸의 수분 보충 방식에 대해 알아보자.

우리가 물을 마시면, 물은 입안으로 들어가 목구멍과 식도를 타고 위까지 내려간 뒤 장에 도착한다. 인체 생물학에 따르면,

특정 분자에게만 진입을 허용하는 반투막.

입안으로 들어온 물은 주로 장에서 흡수된다고 한다. 문제는 바로 여기에 있다! 장에서 물을 흡수하는 것은 장에 스펀지처럼 자잘한 구멍이 많아 그 안에 수분을 저장하는 것이 아니라, 물이 퍼져 나가는 식의 '확산 작용'을 통해 물을 흡수한다.

인체가 확산 작용으로 수분을 흡수하고 수분과 양분을 저장하는 이유는 인체를 구성하는 최소 단위인 **세포**와 관련이 있다. 세포는 비록 작지만, 그 조직 구성은 결코 단순하지 않다. 세포핵을 핵심으로 하는 세포는 수많은 세포질로 둘러싸여 있고, 가장 바깥층은 세포막으로 싸여 있다. **세포를 온전하게 보호하는 것은 바로 이 세포막이다.**

그런데 이 세포막은 세포를 완전히 밀봉하고 있지 않다. 세포막은 VIP 회원만 고급 클럽 안으로 입장시키는 일종의 관문과 비슷하다. **세포막은 이 고급 클럽의 대문으로 VIP 회원에 해당하는 특정 분자만 세포 안으로 진입할 수 있도록 허용한다. 물 분자는 바로 그런 VIP 회원 가운데 하나다.** 반면, 소금이나 당분처럼 크기가 큰 분자들은 세포 안으로 진입을 거부당한다.

이렇게 일부 분자들을 통과시키는 세포막은 외부의 물질을 무조건 차단하기만 하는 막이 아니다. **과학에서는 이런 성질의 막을 '반투막'이라 한다.** 바로 이런 특수한 반투막 기제 때문에 우리는 한 가지 특수한 현상을 볼 수가 있다. 농도가 다른 두 수용액이 반투막을 사이에 두고 나뉘어 있으면, 수분은 농도가 낮은 쪽에서 높은 쪽으로 이동하다가 농도가 일정 정도에 이르면 이동을 멈춘다는 사실이다.

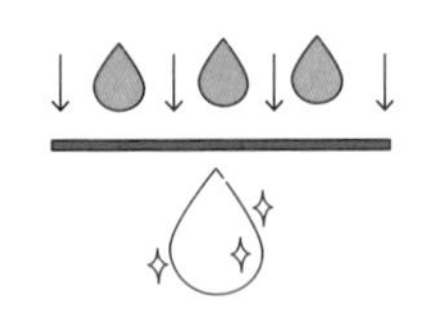

02

생활 속의 작은 반투막 실험

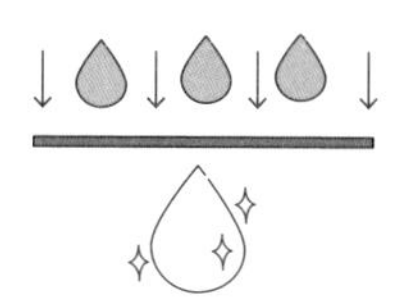

반투막의 이런 신기한 작용은 어떻게 하면 직접 관찰할 수 있을까? 생활 속의 작은 예를 하나 들어 보자.

중국에는 고대 의학과 음식 치료 요법으로 전해 내려오는 생활의 지혜가 있다. **마른기침이 멈추지 않으면, 무를 꿀에 재워 마시면 좋다**는 것.

만드는 방법은 간단하다. 무를 잘게 조각내 그릇에 담고, 꿀을 채워 냉장고에 넣어 두면 된다. 한나절이나 하루쯤 지나 그릇을 꺼내 보면 신기한 변화를 볼 수 있다! 무에서는 수분이 쪽 빠져 쪼그라들어 있고, 무를 덮고 있던 끈끈한 꿀은 묽어진 채 불어나 있다. 이 물을 마셔 보면 달큼한 데다 무의 향도 살짝 감돈다.

무에서 이렇게 수분이 빠져나오는 것 또한 반투막 기제 때문이다. 꿀은 걸쭉하고 끈적끈적하며 무에는 수분이 많다. 즉 무가 꿀보다 농도가 낮은 것이다. 이런 반투막 기제하에서, 무는 수분을 배출하게 된다. 무를 재운 꿀물은 바로 이렇게 만들어지는 것이다.

같은 원리로 만들어지는 또 다른 음식이 바로 채소 절임의 일종인 김치다. 타이완식 채소 절임이건 한국의 김치건, 원리는 비슷하다. 특히 한국의 김치는 주재료인 채소와 고춧가루 등의 향신료 외에도, 김치의 보존 기간을 늘리기 위해 소금이 첨가되는데 특히 채소의 수분을 최대한 빼내기 위해 꽤 많은 양의 소금을 뿌린다. 채소에서 수분이 충분히 빠져나오면 액젓과 고춧가루 등을 혼합한 양념을 버무리는데, 이때부터 채소는 양념의 맛을 흡수하면서 저온에서 천천히 발효된다.

위의 두 가지 예를 이해했다면, 사람이 바닷물을 마셨을 때 어떤 변화가 일어나는지 어렵지 않게 이해할 수 있을 것이다! 염분 높은 바닷물이 꿀이라면, 인체의 세포는 가련한 무와 같다. 사람이 바닷물을 마시면 반투막 기제의 작용으로 세포 안에 저장된 수분이 모두 세포 밖으로 빠져나와 세포 외부의 바닷물과 섞이기 때문에 사람의 몸은 탈수 상태가 되는 것이다.

반대로 우리가 담수를 마시게 되면, 담수는 우리 몸의 체액보다 염분 농도가 낮으므로 담수의 수분이 세포 안으로 이동하게 된다. 이로써 우리 몸은 잃어버렸던 수분을 보충하고 갈증을 해소하게 되는 것이다.

무를 꿀에 재우는 것 외에도, 기회가 된다면 전통 시장에서 순대의 껍질로 쓰이는 돼지 창자를 사와 다음의 실험을 진행해 볼 수도 있다.

1. 돼지 창자를 엄지 길이 정도로 삼등분하여 각각 한쪽 끝을 단단히 묶는다.
2. 묽은 설탕물을 한 컵 준비한다.
3. 묽은 설탕물을 세 개의 창자 안에 가득 채워 작은 설탕물 주머니로 만든 다음, 다른 한쪽 끝도 단단히 묶는다.
4. 팽팽하게 채워진 설탕물 주머니 세 개를 각각 진한 설탕물, 맑은 물, 아까 만든 묽은 설탕물 속에 담근 뒤 30분 동안 그대로 둔다.
5. 진한 설탕물, 맑은 물, 묽은 설탕물 속에 있던 창자 주머니에 각각 어떤 변화가 일어났는지 관찰해 본다.

앞에 나왔던 반투막 기제를 떠올려 보자. **수분은 농도가 낮은 곳에서 높은 곳으로 이동한다**고 했다. 창자 안의 묽은 설탕물이

각각 다른 농도의 용액에 담근 창자 주머니를 통해
농도 차에 의한 창자 주머니의 수축 변화를 관찰해 본다.

우리 몸의 체액이라면, 창자 주머니를 담근 진한 설탕물은 바닷물에 해당한다. 이 창자 주머니 안에 있던 묽은 설탕물은 끊임없이 밖으로 빠져나와 홀쭉해져 있을 것이다.

창자 주머니를 담은 맑은 물은 목마른 사람이 마신 맑은 물에 해당한다. 이 물은 창자 안으로 침투해, 주머니가 처음보다 더 크게 부풀어 있을 것이다.

마지막으로, 창자 주머니 안에 든 설탕물과 똑같은 묽은 설탕물은 창자 안팎의 농도가 같으므로 별다른 변화가 일어나지 않았을 것이다.

창자 주머니 실험군을 세 가지로 나누는 이유

앞의 실험에서, 창자 주머니를 담그기 위해 각각 다른 농도의 용액을 세 가지나 준비한 이유가 무엇일까? 단지 창자 주머니의 수축 변화를 관찰하기 위해서라면 진한 설탕물과 맑은 물, 두 가지만 있어도 될 것 같은데 말이다. 바로, 창자 주머니의 수축 변화가 주머니 내/외부의 설탕물 농도 차에 의한 것임을 강조하기 위해서다. 창자 주머니의 내/외부 농도가 똑같은 설탕물은 위의 두 가지 변화와 대조하기 위한 것이다. 화학에서는 이를 '대조군'이라고 한다.

단, 주의해야 할 점이 있다! 이 실험에서는 설탕물의 농도를 각각 다르게 조절하는 것 외에 수온이나 창자의 종류 등이 대조군과 일치해야 한다는 점이다. 이런 개별 변수가 달라지면, 처음에 의도했던 대로 실험 결과가 나왔다 해도 창자 주머니의 수축 변화가 오로지 농도 차에 의한 것이라고는 단언할 수 없게 된다. 과학의 증명에서 중요한 것은 정확한 근거!

과학에서 가설은 대담하게, 증명은 조심스럽게….

03

스포츠 음료의 삼투압 원리

반투막 기제하에서는 물이 농도가 낮은 곳에서 농도가 높은 쪽으로 이동하는 것이 자연의 법칙이다. 그렇다면, 오늘날 인간이 **'대자연'에 대항하기 위해 농도가 높은 쪽으로 물이 이동하는 것을 막을 수 있을까?**

아이와 어른이 싸운다고 하면 다들 불공정하다고 하겠지만, 유치원 아이들은 싸우다 종종 수틀리면 "나, 우리 아빠 부를 거야!", "우리 형 부를 거야!"라고 선언하는 것을 볼 수가 있다. 어른의 힘을 끌어들여 불공정하게라도 이겨 보겠다는 것이다. **물이 이동하는 방향을 바꾸는 원리도 이와 비슷하다.** 물이 농도가 높은 쪽으로 이동한다면, 농도가 높은 쪽에 추가로 압력을 가하는 것만으로도 물의 이동을 막을 수 있지 않을까?

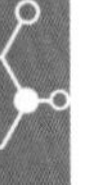

그럴 수 있다! 게다가 반투막을 사이에 둔 양쪽의 농도 차가 크기까지 하다면 물은 더욱더 농도가 높은 쪽으로 이동하려고 할 테니, 그보다 더 큰 압력이 있어야만 물의 이동을 막을 수 있을 것이다. 이렇게 농도가 높은 쪽으로 이동하려는 물의 흐름에 대항하는 종류의 압력을 지칭하는 전문 용어가 있으니, 이름하여 스포츠 음료 광고에도 나오는 바로 그 **삼투압**이다. 농도가 높은 쪽에 추가되는 압력이 삼투압보다 더 크면, 물의 이동 방향을 바꾸어 물이 농도가 낮은 쪽으로 흐르게 만들 수 있다!

스포츠 음료를 언급하면서 삼투압을 이야기하는 데는 이유가 있다. 스포츠 음료는 갈증 해소와 전해질 보충이 목적이므로 삼투압이 굉장히 중요한다. 삼투압이 너무 크면 갈증이 해소되지 못하고, 마치 바닷물을 마실 때처럼 스포츠 음료를 마시면 마실수록 더욱 갈증에 시달리게 되기 때문이다. 그런데 음료에 든 전해질과 당분의 농도가 높으면 삼투압도 더 커진다. 이 때문에 삼투압과 관련된 스포츠 음료에는 크게 세 가지 등급이 있다. 이 세 가지 등급은 우리 몸의 혈액 삼투압에 상대되는 정의다.

등삼투압(등장성): 인체의 혈액과 비슷
저삼투압(저장성): 인체의 혈액보다 낮음
고삼투압(고장성): 인체의 혈액보다 높음

물이 이동하려는 방향에 대항하는 삼투압.

이 세 종류 삼투압의 스포츠 음료를 하나하나 구입하여 비교해 보면, 고장성 음료의 맛이 가장 진하다는 것을 알 수 있다. 고장성 음료는 운동 후 소모된 칼로리와 손실된 전해질(나트륨이나 칼륨 이온 같은), 당분 등을 보충하기 위해 만들어졌기 때문이다. 그러므로 운동을 하지 않았으면서 목이 마르다면 그냥 물을 마셔야지 스포츠 음료를 마셔서는 안 된다. 스포츠 음료의 전해질과 당분이 과도하게 흡수되면서 신장과 건강에 부담을 줄 수 있기 때문이다.

삼투압과 관련된 일상생활의 예는 스포츠 음료에 국한되지 않는다. 당신도 병원에서 수액을 맞아 본 경험이 있는가? 있다면, 그 링거병 안에 든 액체가 무엇일지도 생각해 보았는가?

링거병 안에 든 액체는 그냥 물이 아니라 생리 식염수이거나 포도당 용액이다. 이런 액체는 혈액과 비슷한 삼투압을 유지해야 하는 막중한 임무를 지니고 있다. 그러므로 링거병 안이 맑은 물로만 채워져 있으면, 반투막 기제에 따라 물은 농도가 낮은 쪽에서 높은 쪽으로 이동하므로 수분이 체내에 잘 보충될 것 같지만, 과도한 수분 이동으로 적혈구가 부풀어 커지고 커지다가… 터져 버릴 수도 있다!

어떤가, 화학을 안다는 것이 이렇게나 유용하지 않은가! 삼투압 개념을 제대로 이해하는 것만으로도 자신의 건강을 확실히 지킬 수 있고, 좀 더 맛 좋은 음식을 건강하게 먹을 수도 있다. 겨울에 먹는 팥 탕이나 여름에 먹는 녹두 탕은 타이완의 일반 가정에서 전통적으로 즐겨 먹어 온 음식이다. 그런데 TV의 요리 프로그램을 보면, 녹두나 팥을 삶을 때 가장 마지막 단계에 설탕을 넣는 것을 볼 수가 있다.

어째서 설탕을 가장 마지막 단계에 넣을까? 처음부터 설탕을 넣어 버리면 물의 설탕 농도가 높아 삼투압으로 인해 물이 콩 안으로 잘 들어가지 않아 콩 삶는 데에도 시간이 오래 걸리고, 다 삶은 콩을 먹어 봐도 부드럽게 잘 익은 느낌이 없어 딱딱하다.

04

반투막으로 만들 수 있는 깨끗한 음용수

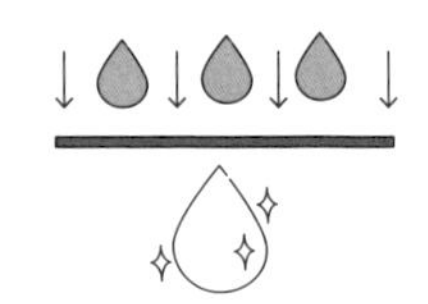

사실 반투막의 종류는 한 가지만이 아니다. 어떤 반투막이냐에 따라 입장을 허용하는 VIP 회원의 종류도 다르다. **세포막에서는 산소와 이산화 탄소 모두 VIP 대우를 받으며 자유롭게 입장할 수 있다.** 그러나 **연료 전지의 반투막에서는 거절당한다.** 반투막마다 선택하는 대상이 다르므로, 우리는 그때그때 필요에 따라 각기 다른 영역에, 각기 다른 반투막을 활용해야 한다.

수분이 통과하는 반투막은 우리의 일상에서도 가장 흔히 볼 수 있는 반투막이다. **수분은 반투막의 양쪽을 자유롭게 오갈 수 있을 뿐 아니라, 크기가 큰 다른 입자들을 막아 반투막 바깥에 세워 둘 수도 있다.** 앞에서 반투막으로 나뉘어 있을 때 물은 농도가 낮은 쪽에서 농도가 높은 쪽으로 이동하지만, 농도가 높은 쪽의 압력

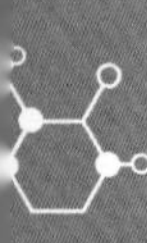

이 충분할 정도로 높으면 물은 다시 농도가 낮은 쪽으로 역류할 수도 있다고 했다. 이렇게 농도가 높은 쪽에 압력이 가해지면 물은 역류하면서 반투막의 문을 막아서게 된다. 그러면 물보다 큰 분자나 입자들은 반투막을 통과할 수 없게 되므로 수질도 깨끗해지지 않을까?

그렇다. 바로 그러한 특성을 활용한 제품이 우리 생활에서 흔히 볼 수 있는 역삼투 여과 장치, RO Reverse Osmosis **역삼투압 정수기**다. 역삼투 시스템의 기본 구조는 반투막(당연히 이건 돼지 창자가 아니다)과 가압 모터로 이루어져 있다. 가압 모터를 작동시키면 압력이 발생하여 물을 반투막으로 밀어내 여과시킨다. 이렇게 해서 깨끗한 물이 얻어지는 것이다.

역삼투압 정수기의 필터는 물속의 여러 이물질은 물론 농약과 병균까지 걸러 내기 때문에 이 정수기를 통과한 물의 수질은 매우 좋은 편이다. 역삼투압 정수기의 물은 1장에 나온 알칼리성 이온수와 달리, 이온 함량도 낮고 알칼리성도 아니다.

역삼투 시스템은 정수된 물이 상당히 깨끗하긴 하지만, 많은 폐수를 만들어 내는 단점이 있다.

공기 청정기가 공기를 정화할 수 있는 이유는 기기 안에 필터가 내장되어 있기 때문이다. 일정 시간 공기 청정기를 사용한 뒤 필터를 떼어 내 보면 먼지나 머리카락 등 이물질이 잔뜩

껴 있는 것을 볼 수 있다. 마찬가지로, 농도가 높은 쪽에 있던 물이 반투막을 통과할 때에는 통과가 허용되는 입자의 종류가 적기 때문에 많은 이물질이 농도가 높은 쪽에 그대로 남아 있게 된다. 더욱이 물은 계속해서 농도가 낮은 쪽으로 이동하고 있으므로 농도가 높은 쪽의 물은 오염의 농도가 점점 더 높아진다(점점 더러워진다). 그래서 물이 반투막을 모두 통과하고 난 뒤에 남는 이물질은 폐수와 함께 버려야 할 뿐 아니라, 다량의 깨끗한 물로 반투막을 깨끗이 씻어야 한다. 정수기마다 규격이 다르겠지만, 보통 **1ℓ의 정수된 물을 얻을 때마다 대략 3ℓ의 폐수가 발생한다.**

RO 역삼투압 정수기는 물을 반투막으로 밀어
여과시킴으로써 깨끗한 물을 얻는다.

일반적으로 역삼투압 시스템은 반투막의 수명을 늘리기 위해 구멍이 큰 다른 필터와 활성탄 등을 장착하여 비교적 크기가 큰 이물질을 먼저 흡착함으로써 반투막의 부담을 줄여 준다. 그러나 이렇게 여러 단계의 조처를 하더라도 발생하는 폐수의 양은 많이 줄지 않는다. 폐수의 양을 줄이고 싶다면 반투막의 수명을 희생시키는 수밖에 없다. 반투막이 막힐 때마다 새것으로 교체하는 것이다. 이래저래 치러야 할 대가가 적지 않다.

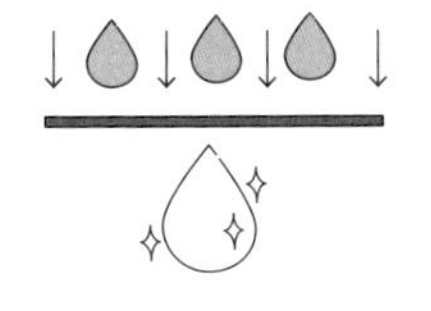

05

국가급 역삼투

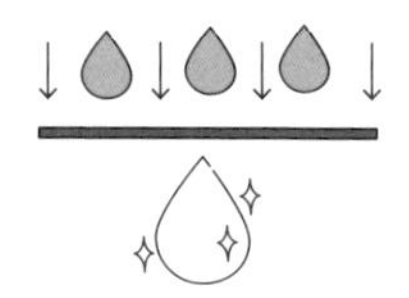

이 장을 시작하면서, 지표면 면적의 71%가 물로 덮여 있지만, 그 대부분이 바닷물이어서 사람이 직접 마실 수는 없다고 했다. 바닷물은 무궁무진한데 사람이 마실 수 없다니. 그래서 과학자들은 생각했다.

바닷물의 염분을 제거하여 담수화하면
사람이 마실 수 있는 물이 되지 않을까?

해수 담수화는 꿈같은 기적이 아니라 많은 해안 인접 국가들이 연구, 진행해 온 대규모 프로젝트다. 오늘날 해수 담수화 공정의 주류가 바로 RO 역삼투 처리법이다. 역삼투를 통해 해수

에서 염화 나트륨과 염화 마그네슘 등의 이물질을 여과하고 담수를 얻어 내는 것이다.

2017년 타이완 수리서水利署의 통계 자료에 따르면, **타이완은 22곳의 해수 담수화 플랜트를 운영하고 있으며, 그중 18곳에서 역삼투 시스템을 활용하고 있다**고 한다. 세계 여러 나라 가운데 가장 유명한 해수 담수화 성공 사례는 이스라엘이다. 사막의 작은 거인으로도 불리는 이스라엘은 세계에서 기후가 가장 건조한 나라들 가운데 하나로 국토의 3분의 2가 사막이며, 연간 강우 일수는 채 30일도 되지 않는다. 이런 이스라엘은 주변의 아랍 국가들이 호시탐탐 노리는 위협 속에서도 독자적으로 강인한 생존력을 발휘해 왔다. 현재 이스라엘은 국가에 필요한 전체 용수의 30% 이상을 해수 담수화로 얻고 있으며 심지어 수요를 초과하여 생산하고 있다.

그러나 앞에서도 언급했듯이 역삼투 방식의 여과는 많은 폐수를 만들어 내고, 반투막을 통과하지 못한 이물질과 염분은 그대로 해수에 남게 된다. 즉 해수에서 담수를 분리해 내면, 해수의 염분 농도는 그 이전보다 높아지는 것이다. 이러한 고농도의 염분 물을 **간수**brine water'라고도 한다. 즉 국가급의 대량 여과의 결과물은 대량의 간수인 것이다. 이런 고농도의 염분이 함유된 물은 통상 바다로 다시 배출한다. 적절한 개선책이 없으면 주변의 바다는 염분이 과도해지고, 산소 용해량이 적어진다. 이렇게 되면 간수가 흘러든 해양의 생태계에는 큰 충격이 될 뿐 아니라 **해양 생물들의 질식사를 불러일으킬 수 있다.**

간수 배출로 인해 초래되는 환경 문제를 해결하기 위해서는 해수 담수화 플랜트에 반드시 간수 처리장도 갖추어야 한다. 펑후澎湖 섬 부근에 새로이 건설된 해수 담수화 플랜트에서는 간수를 먼저 바닷물로 희석해 주변 해양의 염도 수준과 비슷하게 만든 뒤 바다에 배출한다. 이렇게 하면 주변 해양 생태계에 미치는 영향을 최소화할 수 있다.

일상에서 우리가 쉽게 사 마시는 생수나 수도꼭지만 틀면 나오는 깨끗한 물은 바로 이렇게 어렵게 얻어지는 것이었다. 많은 물 부족 국가에 비하면, 우리는 그래도 깨끗한 물로 풍족하게 마시고 씻으며 생활할 수 있으니 참으로 감사하고 행복한 일이다.

수원을 개발하는 것과 물을 아껴 쓰는 것 모두 수자원을 지키는 데 필요한 노력이지만, 물을 절약하는 노력에 조금 더 의미가 있다. 해수 담수화 같은 수원 개발은 일정 정도 자연의 파괴를 가져오기 때문이다. 그에 비하면 우리가 물을 아껴 쓰는 노력은 일상에서 누구나 쉽게 할 수 있다.

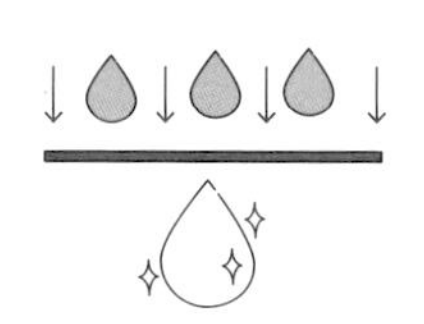

PART 5

산성과 알칼리성, 당신은 어떤 체질?

—산 염기 체질을 통해 보는 산 염기 값

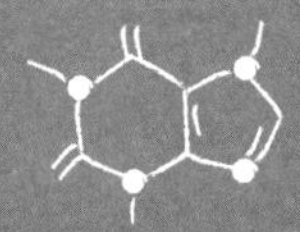

앞서 1장에 나온 화학과 친구를 화나게 하는 질문이 두 가지 있었다.

"너희 화학과에서는 폭탄 같은 것도 만들고 그러니?"

"있잖아, 우리 집 주방 세제에는 화학 성분이 하나도 없대!"

여기에 필살기 하나를 더 가르쳐 주겠다.

"너, 그렇게 모기에 잘 물리는 거 보니 산성 체질이구나?"

소위 산성 체질이라는 말이 매스컴이나 광고에 흔히 나온다. 알칼리성 식품을 섭취해야 한다거나, 고기를 적게 먹어야 한다거나, 알칼리성 이온수를 마심으로써 산성 체질을 중화시키고 혈액의 산성화를 막아야 한다고 주장하는 사람도 있다. 듣고 있으면 정말 산성 체질이라는 게 있기는 있는 것만 같다. 그러나 이 장에서는 다시 과학의 관점으로 돌아가, 위에서 가르쳐 준 세 번째 필살기가 왜 화학과 친구를 화나게 만드는지 분석해 보고자 한다.

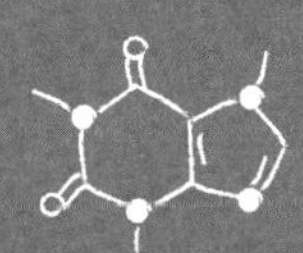

01

산 염기 세력의 화학 대전

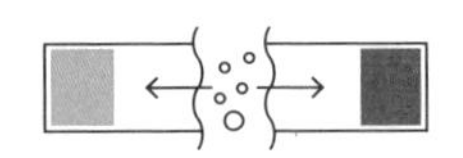

우리의 일상에 산 염기가 존재하지 않는 영역은 없다. 채소를 데칠 때 몇 방울 떨어뜨리는 새콤한 식초만 해도 산성이고, 빵이나 쿠키를 구울 때 들어가는 베이킹파우더는 염기성이다. 주방을 샅샅이 뒤져 보면, 산성이나 염기성에 해당하는 물질을 더 많이 찾아낼 수 있다.

그렇다면 과학에서는 산 염기를 어떻게 볼까? 화학도의 눈에, **산 염기란 사실 두 암흑가 조직 사이에 벌어지는 일상적인 각축전이다.**

'수소 이온'이 대표하는 것이 산성 진영이라면, '수산화 이온'이 대표하는 것은 염기성 진영이다. 불과 물의 전쟁과도 같은 이 대결은 누가 조금이라도 더 우세한가에 따라 판가름 난다.

용액 안에 **수소 이온의 수가 조금이라도 더 많으면 산성이 되고, 수산화 이온이 조금이라도 더 많으면 염기성이 된다.** 양쪽의 숫자가 엇비슷하게 많아서 어느 한쪽도 우세가 아니면, 화학에서는 이를 중성中性이라고 한다.

드라마나 영화에서 종종 보게 되는 패싸움 장면은 한 치의 양보도 없이 살벌하기만 한데, 산 염기 세력의 대결도 그러하다. 수소 이온과 수산화 이온은 맹렬히 싸우다가 장렬히 전사함으로써 물 분자를 생성하고, 동시에 엄청난 열에너지를 발생시킨다. 이것이 바로 우리가 익히 들어본 **산 염기 중화** 반응이다. 이런 반응은 아무 데서나 실험해서는 안 되지만, 화장실 청소를 할 때 종종 등장하는 (배수구를 시원하게 뚫어 주기도 하는) 염산과

산과 염기의 만남은 두 암흑가 세력의 대격돌과 같다.

수산화 나트륨이 만나면 순간적으로 물을 끓어오르게 할 만큼 엄청난 열을 뿜어낸다. 이때 강한 산성과 강한 염기의 성분이 피부에 닿기라도 하면, 고온에 화상을 입게 될 뿐 아니라 엄청난 화학적 부식이 일어나게 된다.

함께하기로 한 수소와 산소.

수산화 이온은 수소 이온인가, 산소 이온인가?

앞에서 원자에 대해 이야기하면서, 전자 수와 양성자 수가 다르면 이온이 된다고 했다. 그렇다면 수산화 이온은 수소 이온일까, 산소 이온일까?

이온은 꼭 하나의 원소로만 구성되지 않는다. 여러 개의 원소가 '모여서' 만들어질 수도 있다. 수소$_H$ 하나와 산소$_O$ 하나가 모여 이루어진 수산화 이온(OH^-)이 그 대표적인 예다. 산소 원자가 다른 원자에게서 전자 한 개를 빼앗아 와, 수소와 산소의 전자 수 총합은 양성자 수보다 한 개 많게 된다. 그래서 '이온'으로 분류된다.

너흰 꼭 그렇게 붙어 있어야겠니….

02

논쟁이 끊이지 않는 레몬의 산 염기성

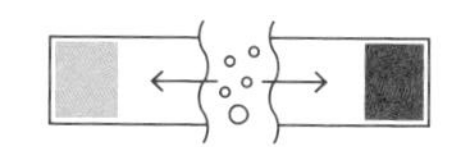

산 염기 중화 반응을 직접 보고 싶다면 상당한 위험을 감수해야 한다. 그러니 비교적 안전한 방법을 하나 추천한다면, 약국에 가서 **발포 비타민 C**를 사 오는 것이다! 이 발포정을 물에 넣으면 '파바박' 소리와 함께 탄산수를 컵에 따른 것처럼 미친 듯이 기포가 올라온다! 비타민 C 발포정의 성분을 보면, 속칭 **소다**라고도 하는 **탄산수소 나트륨**과 함께 **레몬산**[구연산, 시트르산citric acid이라고도 한다]이 들어 있다는 것을 알 수 있다. 바로 이 레몬산이 물에 녹으면서 수소 이온을 내놓는 산성 물질이다. 소다는 염기성 물질로, 수소 이온을 만나면 산 염기 중화 반응으로 물을 만들어 낼 뿐 아니라 이산화 탄소도 내놓는다. 비타민 C 발포정을 물에 넣으면 기포가 올라오는 이유다.

우리가 일상에서 흔히 보는 채소나 과일 가운데 가장 먼저 떠오르는 산성 과일(이나 채소)은 무엇인가? 매실? 레몬? 레몬에서는 확실히 신맛이 나는데, 단순히 비타민 C가 풍부해서만은 아니다. 레몬에 함유된 '레몬산' 때문이다.

화학 실험을 해 보면, 한 개의 레몬산 분자는 한 번에 가장 많게는 세 개의 수소 이온을 내놓는다. 화공 약품점에서 리트머스 시험지를 사 실험을 해 봐도 레몬은 분명 산성을 띤 음식이라는 것을 알 수 있다. 그런데 어디선가 '레몬은 알칼리성 식품'이라는 말을 한 번쯤 들어 본 것 같지 않은가? 심지어 레몬 탄산수를 매일 마시며 '산성 체질'을 개선한다는 사람도 있었던 것 같고… 말이다.

대체 레몬은 산성일까, 염기성일까?

인터넷 검색창에 '레몬산', '알칼리성'이라고 입력해 보면, 많은 사람이 이에 대해 뜨겁게 논쟁하고 있다는 사실을 알 수 있다. 이런 논쟁은 소위 '산성 체질' 이론으로 인해 시작된 식품의 산 염기성에 대한 정의가 화학자마다 다른 데서 기인한다.

사실상 **영양학계에서는 레몬을 '염기성' 진영에 속한 것으로 분류한다.** 영양학에서는 식품의 산 염기를 분류할 때 단순히 그 물

질 자체의 산 염기성만 보는 것이 아니라, 사람 몸에서 소화·흡수된 뒤 대사된 물질이 산성이냐, 염기성이냐도 중요하게 본다. 오래전 인터넷에 올라온 산성 체질에 관한 어떤 글에서는 '연소'를 통해 인체의 소화 과정을 시뮬레이션하는데, 연소 후 남은 식품의 재를 가루로 만들어 물에 담가 산 염기성을 판단한다고 한다.

채소와 과일에는 분명 금속 이온이 존재하기 때문에 고온에서 연소시키고 남은 물질을 물에 넣으면, 그 물은 염기성이 된다. 수확을 마친 논에서 벼를 태우고 남은 초목회草木灰[짚이나 풀을 태워 만든 재]에도 염기성인 탄산 칼륨이 풍부하게 존재하기

레몬은 산성인가, 염기성인가?

때문에 비료의 원료로도 쓰인다. 그러나 육류에 함유된 다량의 유황과 질소 등 비금속 원소와 육류를 연소한 뒤 남은 물질 등은 물에 넣으면 산성을 띤다.

그러나 오늘날 음식의 산 염기성을 연소법으로 판단한다는 건 조금 무리가 있다. (소화 같은 복잡한 과정이 어떻게 연소로 간단히 대체될 수 있을까?) 그러나 의학계에서는 채소와 과일을 많이 먹는 사람의 소변이 육류를 많이 먹는 사람의 소변보다 조금 더 염기성을 띤다고 말한다. 그렇다면 이 글의 주인공인 레몬도 과일에 속하므로 염기성 식품이라고 해도 될 것 같다.

그런데 음식이 소변의 산 염기성에 영향을 미친다고 해서 혈액의 산 염기 값에도 영향을 미친다고 할 수 있을까? 심지어… **체질**에까지?

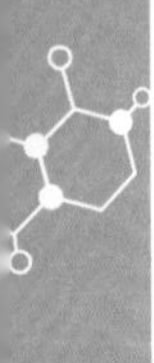

03

음식으로 산 염기 체질을 바꿀 수 있을까?

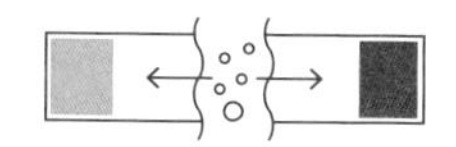

알칼리성 음식 이론에는 몇 가지 모호한 의문점이 존재한다. 소위 산 염기성 체질이란 정확히 신체 어떤 부위의 산 염기성을 말하는 것인가? 피부? 혈액? '체질'이라는 말만 놓고 보면, 신체의 메커니즘 전반을 포괄한다기보다 단지 어떤 모호한 '개념'에 더 가까워 보인다. 그래서인지 산 염기 체질을 주장하는 사람들도 정확히 신체 어떤 부위의 산 염기 값을 기준으로 했다는 대답은 없다.

효소는 우리 몸 안에서 굉장히 중요한 역할을 담당한다. 효소가 없으면, 위장으로 내려간 음식이 짧은 시간 내에 작게 분자화되어 몸 안에 흡수되기 어렵다. 효소는 실험실에서였다면 한없이 오래 걸렸을 화학 반응을 당신의 체내에서 아주 빠르게 완수한다. 마치 타이베이臺北(타이완 북부에 소재)에서 가오슝高雄(타이완 남부에 소재)까지 가는 고속 도로가 정체되어 주차장처럼 변해 있을 때 당신은 고속 철도를 통해 단 몇 십 분 만에 목적지에 도착해 있는 것과 비슷하다. 이러한 효소가 정상적으로 기능하기 위해서는 신체 여러 부위에 각기 다른 산 염도가 필요하다.

예를 들어, 입안의 **침은 pH 값 6.5 정도의 약산성이다.**

우리가 음식을 먹으면 일단 위로 내려가고 위에서는 위산을 분비해서 음식을 소화시킨다. **위산은 농도가 낮은 염산이다. 낮은 농도라고는 하나, pH 값으로는 1.5~3.5의 강한 산성이다.** 위산 과다증을 앓는 사람들이 속이 쓰리고 타는 듯한 작열감灼熱感을 느끼는 것도 이 때문이다.

그다음으로 음식이 도착하는 장에서는 췌액, 담즙, 장액 등을 분비하여 위산의 산성을 중화시킨다. 그래서 **장은 pH 값 8.5** 정도의 약염기성이다.

그밖에도 시중에 판매되는 세안제나 바디 클렌저 등은 우리 몸의 피부 환경과 가까운 '약산성' 제품이 많다. 건강한 사람의 피부 각질층은 pH 값 5.5 전후의 약산성이다. 피부의 각질을 억지로 약염기성으로 유지하면 인체의 방어 기제가 무너질 수 있다. 이로써 알 수 있듯이,

소위 산성 체질, 알칼리성 체질이란
가짜 이론에 불과하며, 우리 몸은 머리부터 발끝까지
똑같은 산 염기 값을 가지고 있지 않다!

더욱이 신체의 여러 기관 및 효소들은 정상적으로 기능하기 위해 일정 범위 이내의 산 염기 값을 계속 유지해야 한다. 현재 타이완의 언론 보도에 따르면, 많은 이들이 체질 개선이나 미용 등을 목적으로 매일 레몬수를 마신다고 한다. 그러나 레몬수를 장기 음용하면 위통을 앓을 수 있고, 심한 경우 위궤양으로 발전하여 병원 신세를 져야 할 수도 있다. 레몬은 분명 여러모로 건강에 유익한 과일이지만 **레몬 원액의 pH 값은 대략 2~3으로**, 물에 희석하면 산성이 그리 강하지 않을지도 모르나 레몬즙에 함유된 레몬산은 위산 분비를 촉진하기 때문에 장기 음용할 경

우리 몸 각 부위의 대략적인 산 염기도度.

우, 위장이 약한 사람에게는 상당한 부담을 줄 수 있다.

알칼리성 음식 지지자들은 알칼리성 음식을 섭취함으로써 혈액의 산성화를 막는 등의 방식으로 음식을 통해 우리 몸의 산 염기 값을 바꾸고 싶어 한다. 그러나 이것은 헛된 소망에 지나지 않는다. 건강한 사람의 혈액은 원래 스스로 조절 기능이 있다. **건강한 사람의 혈액은 평소 pH 값 7.4 전후의 약염기성을 유지한다.** 이러한 산 염기 값은 음식이나 환경의 영향을 받아 바뀌는 것이 아니라 혈액 본연의 정상적인 산 염기성 기제에 따른 것이다. 특히 신장은 과도한 산, 염기를 배출함으로써 혈액의 산 염기 값을 안정적으로 유지하는 데 큰 도움을 준다. 호흡도 혈액의 산 염기 값을 조절하는 기능을 한다. 이렇게 다양한 신체 메커니즘을 통해 혈액의 산 염기 값이 유지되고 있으므로 우리가 먹는 음식이 산성인지 알칼리성인지를 따지는 것은 무의미한 노력이다. 음식이 혈액의 산 염기 값에 미치는 영향은 극히 미미하기 때문이다.

혹시라도 혈액이 오랫동안 산성을 유지한다면 그것은 건강에 심각한 문제가 있는 것이지, 고작 '모기에 잘 물린다'라거나 '감기에 걸리기 쉬운' 이유가 되지 못한다. 건강상의 문제로 혈액이 산성화되는 원인은 많이 있지만, 일단은 혈액의 산 염기 조절 기능에 문제가 생겼다는 것을 의미한다. 혈액이 산성화되면 구토와 설사를 자주 하고, 심한 경우 목숨을 잃을 수도 있다.

'pH 값'이란 무엇인가?

화학에서 산 염기 값을 명확히 하기 위해 산 염기성의 정도를 객관적으로 수치화한 것이 바로 'pH 값'이다.
통상 pH 값은 0~14까지이며, 산성과 염기성이 갈리는 지점은 pH 7이다. 7보다 낮으면 산성으로, 숫자가 작을수록 산성이 강하고 앞에 나왔던 수소 이온의 농도도 높다. 그러므로 SNS를 보다가 누군가가 독기와 시샘 가득한 말을 잔뜩 쏟아 내고 있다면, 산성이 강하다는 의미이므로 '여기는 pH 값이 엄청 낮다'라고 생각해도 된다. 반대로, pH 값이 7보다 높으면 염기성이라는 뜻이며 숫자가 클수록 염기성이 강하고 수산화 이온의 농도도 높다.

독자 여러분의 pH 값은 엄청 높겠죠!

04

독특하고 매혹적인 음료를 만들어 내는 버터플라이 피

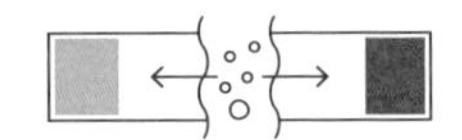

산성 체질에 대한 사람들의 오해를 보고 있으면, 커뮤니케이션은 어디까지나 대등한 정보를 바탕으로 이루어져야 한다는 교훈을 얻을 수 있다. 채소와 과일을 충분히 섭취하는 것 자체는 좋지만, 그것이 잘못된 과학 관념에 따른 것이라면 사람들 사이에서 오해가 커질 수 있고, 잘못된 정보가 널리 퍼져 나가다가 종국에는 누군가 건강상의 위험에 처할 수도 있기 때문이다! 지금도 시중에는 산성 체질을 개선시켜 준다는 식품이 널리 유통되고 있다. 알칼리성 이온수라는 황당한 제품이야 말할 것도 없다. 장사꾼들은 이득을 위해 과학 지식에 대한 대중의 무지와 오해를 적극적으로 이용하여 잘못된 관념을 더욱 널리 퍼뜨린다. 그에 반해, 정확한 의학 상식이 제대로 보급되지 않고

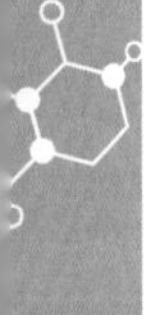

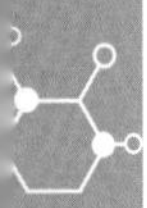

있는 것은 참으로 안타까운 일이다.

그런데 산 염기 개념을 잘만 이용하면 우리에게 놀라운 체험을 안겨 줄 수도 있다. 독특한 시각적 매력을 지닌 음료의 재료이기도 한 **버터플라이 피**butterfly pea['접두화蝶豆花'라고도 하는 보라색 꽃차]는 특유의 산 염기 차이로 인해 수많은 사람의 마음을 사로잡고 있다.

자연계에는 외부 환경의 산 염기성에 따라 자신의 화학적 구조가 바뀌는 물질이 많다. 분자 세계에서는 소소한 구조상의 변화일지 모르나, 그 변화가 우리의 눈 앞에 펼쳐질 때의 결과물은 상당히 이채롭다. 화학 실험에서 가장 흔히 볼 수 있는 것이 바로 **산 염기 테스트**지다. 학교에 다니던 시절에도 한 번쯤 **리트머스 시험지**라는 것을 본 적이 있을 것이다. 리트머스 시험지의 주재료인 **리트머스**litmus**이끼는 산성일 때 붉은색을 띠다가 염기성일 때는 푸른색을 띤다**. 이런 눈에 보이는 색 차이 때문에, 우리는 별도의 기기가 없어도 특정 물질에 대해 산 염기 성을 판단할 수 있다.

자연계에는 이렇게 산 염기 테스트를 할 수 있는 색소가 함유된 과일과 채소가 많다. 그중 버터플라이 피에 함유된 안토시안anthocyan 색소는 산성일 때 누구라도 다가가 사진 한 장 찍고 싶을 만큼 몽환적인 자주색을 띤다. 이런 비밀을 직접 눈으로

리트머스 시험지로 특정 물질의 산 염기성을 테스트해 볼 수 있다.

확인해 보고 싶다면, 버터플라이 피를 사서 뜨거운 물에 담가 안토시안을 모두 우려낸 뒤 자신이 원하는 아름다운 색깔을 자유자재로 만들어 내면 된다.

버터플라이 피 우린 물을 식힌 뒤 유리잔을 꺼내 그 안에 레몬즙을 짠다. 신맛이 너무 강할 수 있으므로 꿀도 조금 넣고, 얼음으로 잔을 채운다(**얼음이 굉장히 중요하다! 성공적인 그러데이션을 만드는 관건이 되기 때문**). 그다음 천천히 버터플라이 피 우린 물을 유리잔에 따르면, 잔의 바닥에서부터 층층이 자색에서 청색으로 이어지는 아름다운 그러데이션 음료가 만들어진다!

버터플라이 피 외에도 비슷한 특성을 가진 식물이 많이 있다. 적양배추의 색소는 염기성일 때 황색을 띠지만, 산성일 때는 붉은색을 띤다. 붉은 무궁화의 색소는 염기성일 때 녹색, 산성일 때는 붉은색을 띤다. 그 외에도 오디즙, 포도즙 등도 비슷한 작용을 한다. (만일 과즙의 색이 너무 짙어 색 변화를 관찰하기 어렵다면, 희석하면 된다!)

산 염기 값에 대해 알고 나니 인체의 신비로움이 참으로 경이롭지 않은가! 화학도의 눈에 **사람의 몸은 신기한 화학 공장** 같기만 하다. 이 거대한 화학 공장이 완벽하게 제 기능을 발휘하기 위해서는 여러 가지 서로 다른 영양소의 도움이 필요하다. 사람들이 흔히 '산성 음식'이라고 하는 육류에는 우리 몸에 꼭 필요한 아미노산과 단백질 등이 함유되어 있다. 건강을 유지하기 위해 반드시 섭취해야 할 음식이다.

화학 공부는 우리에게 대자연이 어떻게 기능하는지 이해하게 해 줄 뿐 아니라 우리가 더욱 건강하게 살아갈 수 있도록 돕는다. 그리고 무엇보다, 앞에 나온 화학과 친구를 비롯한 많은 화학도들이 대체 왜 화를 냈는지 진심으로 공감할 수 있게 만들어 준다.

똑같은 산 염기 중화, 왜 비타민 C 발포정은 무해할까?

산 염기 중화는 많은 열을 만들어 내지만, 비타민 C 발포정은 물을 만나도 폭발할 듯이 튀지 않고 조용히 부글거리다가 한 컵의 비타민 C가 될 뿐이다. 이런 차이는 발열량의 많고 적음과 관련이 있다. 산 염기 중화 반응에서 중요한 것은 발열의 근본이 되는 수소 이온과 수산화 이온의 반응 수량 외에도, 산 염기성 자체의 강함 혹은 약함과 관련이 있다.

강한 산성과 강한 염기성이 만나는 경우에는 목숨까지 잃을 수도 있다. 하지만 약한 산 염기성이라면 다행히 그 정도는 아니다(그렇지 않다면 요리하면서 식초를 넣을 때조차 목숨을 걸어야 할 것이다). 비타민 C 발포정은 당연히 약한 산 염기성에 속한다. 여기서 말하는 비타민 C, 레몬산, 초산[식초의 주성분] 등은 우리 몸이 받아들일 수 있는 수준의 약산성 물질인 데다, 염산이나 황산처럼 강한 부식성을 띠지 않기 때문에 안심하고 먹을 수 있다.

정말로 무서운 것은 채소를 볶을 때 얼굴로 튀는 기름….

PART 6

난 네가 싫지만
너 없인 안 돼

—산소와의 사랑과 전쟁

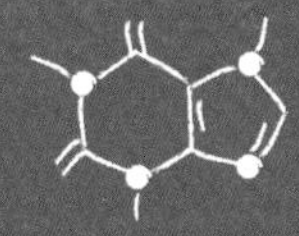

'금은 불의 단련을 두려워하지 않는다'라는 말이 있다. 뛰어난 사람은 고난과 시련을 두려워하지 않는다는 의미다. 그런데 그런 말에 등장하는 금속이 왜 하필 금일까? 철이나 알루미늄, 은은 안 되나? 설마 다른 금속들은 불의 단련을 두려워한단 말인가? 금속의 녹는점 때문에? 이 장에서는 연소에 관해 이야기하면서, 물질의 연소에서 가장 중요한 요소인 산소에 대해서도 알아보도록 하자.

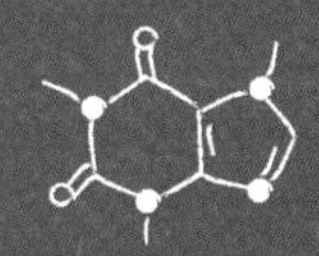

01

금은 정녕 불의 단련을 두려워하지 않는가?

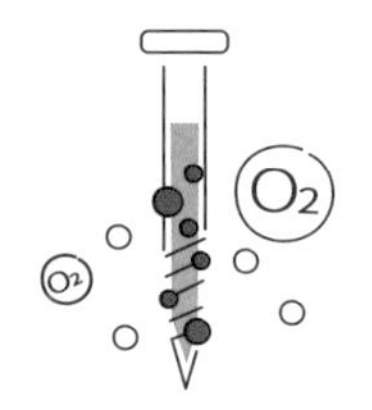

융해融解[용융鎔融이라고도 한다]는 물질에 열이 가해지면 고체에서 액체로 변하는 현상으로, 녹는점은 물질이 융해되는 온도의 범위를 말한다.

금의 녹는점은 섭씨 약 1,000도다. 이런 온도는 우리가 먹는 음식을 모조리 재로 만들어 버릴 뿐 아니라, 우리 자신을 전부 태워 없애고도 남을 만큼 높다. 금속 원소들을 녹는점을 기준으로 보면 금은 한참 어린 동생급에 속하고, 그 위로 펄펄 나는 큰 형님들이 길게 늘어서 있다.

백열전구의 재료이기도 한 텅스텐은 녹는점이 가장 높은 금속으로, 녹는점이 무려 섭씨 3,400도에 달한다(과연 고열을 견디며 빛을 내는 임무를 감당할 만한 금속이다). 그렇다면… 옛사람들

말이 틀린 걸까? 앞에서 나왔던 명언은 '텅스텐은 불의 단련을 두려워하지 않는다'로 바꿔야 하나?

'금은 불의 단련을 두려워하지 않는다'라는 말이 생겨난 이유는,

금은 아무리 불과 열을 가해도 영원히 녹슬거나 변질되지 않고 찬란한 금빛을 그대로 간직하고 있기 때문이다.

다른 많은 금속은 녹이 스는 것이 흔한 일이었기 때문이다. 특히 고온에서는 저온일 때보다 더 쉽게, 더 빠르게 녹이 슨다. 우리가 흔히 보는 철만 해도 고온 다습한 환경에 두면 금방 녹이 슬어 버린다. 구리 등이 재료로 들어간 동전도 욕실에 두면 얼마 안 가 퍼렇게 녹으로 덮여 있는 것을 볼 수 있다. 당신도 영화나 드라마에서 미국의 상징으로 등장하는 자유의 여신상을 본 적이 있는가? 구리로 만들어진 자유의 여신상은 원래 지금의 색깔이 아니었다. 처음에는 구리 특유의 짙은 갈색이었는데 점점 녹이 슬어서 지금과 같은 녹색이 된 것이다. 이렇게 되어 버린 이유는 물론 물기 때문이기도 하지만, 무엇보다 우리의 생명 유지에도 큰 영향을 끼치는 **산소** 때문이다.

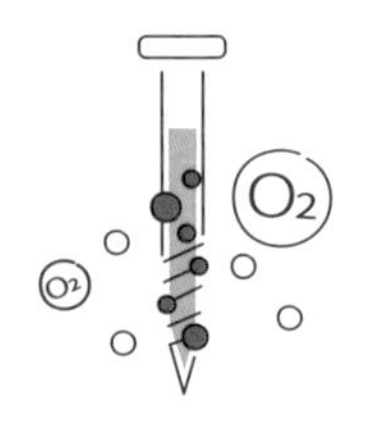

녹는점은 '점'이 아닐 수 있다

'점'이라고 하니까 마치 웃음의 '포인트'처럼 그 '지점'만 넘어서면 모두가 웃게 되는 어떤 임계점을 가리키는 것 같다. 그러나 녹는점은 어느 한 '점'의 임계가 아니라 온도의 범위다. 이를테면 여러 가지 다른 물질이 섞여 있을 때의 녹는점은 어느 한 물질의 녹는점보다 범위가 더 넓어진다. (순물질의 녹는점 범위는 일반적으로 섭씨 2도 이내다.)

녹는점은 점이 아니라네….

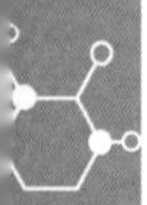

02

산소를 차단하지 않아도 되는 녹 방지법

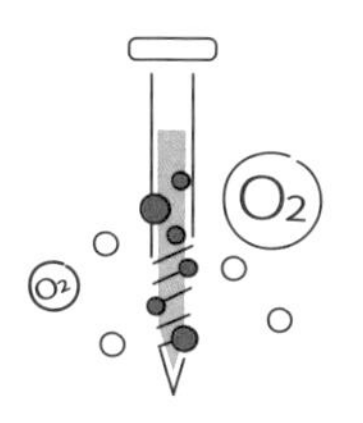

공기 전체의 부피에서 약 20%를 차지하는 산소는 조금 고약한 녀석이다. 1장에 나온 원자 유치원에서도 각기 개성이 다른 여러 아이 가운데 가장 성질이 포악해서 다른 친구의 전자를 빼앗기 일쑤인 녀석이 바로 산소 원자였다.

보통 산소 원자는 단독으로 존재하지 않고 다른 산소 원자와 짝을 이루어 '산소 분자' 형태로 존재한다. 산소 분자의 화학적 성질은 산소 원자보다 안정된 편이지만, 그래도 여전히 가만히 있지 못하고 들썩거려 조금만 약해 보이는 상대가 나타나면 곧바로 상대의 전자를 빼앗으려 든다.

전자를 빼앗긴 쪽은 '산화'되었다고 한다.

산화라고 하면 왠지 부패나 파괴 등 부정적인 단어가 먼저 연상되지만, 사실 인류는 아주 오랫동안 산소와 우호적이면서도 동시에 적대적인 관계를 유지해 왔다. 산소는 분명 생명 유지에 필수적인 요소였지만, 다른 한편으로는 산소의 공격을 피하고 산소로 인한 피해를 낮추기 위해서도 노력해야 했다. 앞에서 언급한 '녹이 스는' 것도 산소로 인한 부식의 대표적인 예다. 산소와 물기가 충분한 환경에서 철은 아주 쉽게 붉은 녹이 슨다. 그래서 사람들은 철의 외부에 방호복을 두르듯 다른 금속을 입히거나 도료를 칠했다. 산소와 습기로 인한 침식을 막기 위해서였다. 철의 표면에 아연을 입힌 **함석**이 그 대표적인 예다.

철에 방호복으로 입힌 **아연**은 산소에 대항하는 데 정말 효과적인 금속일까? 사실 아연은 철보다 더 전자를 빼앗기고 산화되기가 쉬운 원소다. 그래도 좋게 포장해 보자면 '아연은 남에게 베풀기 좋아하는 마음씨 좋은 신사 같은 원소'인 것이다. 철의 입장에서는 산소가 다가올 때마다 어차피 뜯길 밥값, 대신 좀 내달라고 불러내는 친구가 아연인 셈이다. 아연은 그렇게 철을 도와줄 때마다 자신의 전자를 빼앗기고 바로 산화되어 버린다.

아연이 더 쉽게 산화되는 특성을 이용, 산소가 철에 직접 닿는 것을 피하게 만들어 철을 보호하는 방법인 것이다. 아연이라는 베풀기 좋아하는 친구 덕분에 철은 마치 '지갑 두둑한 아빠'

와 함께 문을 나서는 아이처럼 자신의 안전을 지키게 된다. 아연이 전부 산화되기 전까지, 철은 산소와 마주칠 일이 없다.

그뿐만이 아니다. 어쩌다 외부의 공격으로 함석에 상처가 나서 철이 공기에 노출될 일이 생겨도 아연은 여전히 철을 대신해 자신의 전자를 내놓는 소임을 다함으로써 철을 산소로부터 보호한다. 이런 방법을 **음극 보호법**陰極保護法이라 한다. **더 산화되기 쉬운 원소를 희생시켜서 철을 보호하는 방법이다.**

아연 도금이 일종의 희생 봉사법이라면, 주석 도금은 장벽을 세우는 방식에 가깝다. 주석은 아연에 비해 조금 더 믿을 만한 보디가드로, 병아리들을 노리는 독수리를 쫓아내기 위해 병아리들 곁을 지키는 노련한 어미 닭 같은 존재다. 주석은 철보다 반응성이 크지 않아 산소가 아무리 다가와 소란을 피워도 절대 자신의 전자를 내주지 않아, 녹이 슬지 않는다. 이런 주석은 철을 지키는 제1 방어선이 된다.

이렇게 주석으로 도금한 철은 **양철**이라고 불리며, 주로 음료의 캔이나 통조림 등을 만들 때 쓰인다. 그런데 이런 양철에 상처가 나서 철이 공기 중의 산소와 만나게 되면, 아연 도금일 때와는 상황이 완전히 달라진다. 주석은 아연처럼 마음씨 넓은 신사가 아니므로 철이 오히려 자신의 전자를 잃어 가며 주석을 보호하는 형국이 되어 버린다. 그래서 주석으로 도금한 철은 한번

아연과 주석이 각각 철을 보호하는 방식.

상처가 나면 점점 더 안으로 쉴 새 없이 녹이 스는데, 심지어 주석으로 도금하지 않았을 때보다 더 빠르게 녹이 슨다. 이 점이 아연 도금과 가장 큰 차이이다.

절대 분리될 수 없는 산화와 환원

산소가 우리의 일상에 흔한 것이다 보니 '산화'라는 말도 꽤 친숙한 편이다. 사과의 산화, 철의 산화 등…. 산화의 본질은 원자에서 전자가 빠져나가는 과정이다(이 말에서도 알 수 있듯이, 산화라고 해서 꼭 산소가 참여하는 과정은 아니다). 한편 '환원'은 전자가 원자로 유입되는 과정이다. 더 자세히 말하면, 산화 환원 반응은 전자가 A에서 빠져나가는 동시에 B로 유입되는 과정인 것이다. 그러므로 산화 반응과 환원 반응은 반드시 동시에 일어난다. 우리가 어릴 적에 하던 공 주고받기 놀이와 비슷하다. 한 사람이 공을 던지면 다른 누군가는 그 공을 받게 되어 있는 것처럼. 이 과정이 동시에 일어나지 않으면 산화 환원 반응은 발생하지 않는다. 그런 의미에서 우리가 일상적으로 말하는 '산화 반응'은, 정확히 말하면 '산화 환원 반응'이다.

현금도 전자처럼 나에게 좀 흘러 들어왔으면….

03

손난로의 원리는 녹이 슬어 발열하는 것

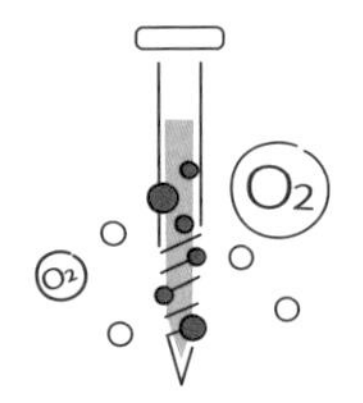

우리 대부분은 금속에 녹이 슬기를 바라지 않을 것이다. 어떤 물건이든 오래오래 사용하고 싶으니 말이다. 그런데 어떤 상황에서는 금속에 녹이 빨리 슬기를 바라게 될 때가 있다. 바로 **녹이 스는 반응의 또 다른 특징인 '발열'**을 이용할 때다.

금속은 녹이 스는 과정에서 열에너지를 방출한다. 보통 철에 녹이 스는 과정은 천천히 진행되기 때문에, 사람들이 알아채기가 어렵다. 금속을 빠르게 녹이 슬게 하려면 가루 상태로 만들면 된다. 얼음 결정 모양의 설탕은 물에서 천천히 녹지만 가루로 된 설탕은 빠르게 녹는 이치와 비슷하다. 가루로 된 철은 산소, 물기와의 접촉 면적을 넓혀 아주 빠르게 녹이 슨다.

그 외에 쇳가루에 **소금을 추가하는** 방법도 있다. 산소가 철에

쇳가루에 소금을 넣으면, 손난로에서 빠르게 녹이 슬어
금방 열이 나게 할 수 있다.

서 전자를 빼앗는 속도가 아날로그 전화 통화라면, 소금을 첨가하는 순간 광케이블 인터넷 속도로 상승한다. 소금은 철이 빠른 속도로 자신의 전자를 넘기도록 부추긴다.

이 두 가지 방법으로 쇳가루를 빠르게 산화시켜 열을 내게 하면, 우리를 겨울에도 따뜻하게 지켜주는 **손난로**가 된다!

한편, 중추절에 월병을 선물로 받아 보면, 상자 안에 월병 말고도 평평한 사각 주머니가 하나 더 들어 있는데, 그 주머니에는 보통 '산화 방지제'라고 써진 것을 볼 수 있다.

대체 산화 방지제가 무엇이기에, 월병 상자 안에 들어 있는 걸까?

목적은 간단하다. 음식의 **지방 성분이 산화, 산패되는 것을 막기 위해서**다. 당신도 감자 칩이나 견과류의 봉지를 뜯었다가 다 못 먹고 방구석 어딘가에 처박아 둔 적이 있는가? 며칠 지나 봉지를 다시 열어 보면, 처음과는 다른 군내 같은 게 나지 않던가? 바로 그것이 산소 녀석의 농간이다. 월병처럼 유지油脂가 많이 들어간 음식은 지방이 산패되지 않도록 잘 관리해야 한다. 음식에 산소의 '마수'가 뻗치지 않도록 월병 상자 안의 산소를 가두는 '착한 손'을 비치해 놓으면 보존 기한을 늘릴 수 있다. 바로 이 '착한 손'이 산화 방지제다. **쇳가루가 지방보다 빠르게 산화되는** 특성을 이용하여 음식을 산소로부터 보호하는 것이다. 그래서 식품 보존 영역에서는 쇳가루의 존재를 쉽게 찾아볼 수 있다.

하나 더! 월병이 든 비닐 포장을 벗기면 나오는 산화 방지제를 손 위에 올려놓고 그대로 가만히 있어 보라. 천천히 열이 나는 것을 발견할 수 있을 것이다. 앞에 나왔던 손난로의 원리와 비슷하다. 밀봉 상태에서 벗어난 산화 방지제 속 쇳가루들이 공기 중의 산소와 습기를 빠른 속도로 잡아챈 결과다. 그러나 산화 방지제의 역할은 당신이 월병을 먹을 때 손을 따뜻하게 하기 위한 것이 아니라 월병 상자 안의 산소 함량을 낮추어 월병의 보존 기간을 늘리기 위한 것이므로 산화 방지제가 따뜻해져 봤자 손난로만큼 뜨거워지지는 않는다.

04

연소도 일종의 산화 작용

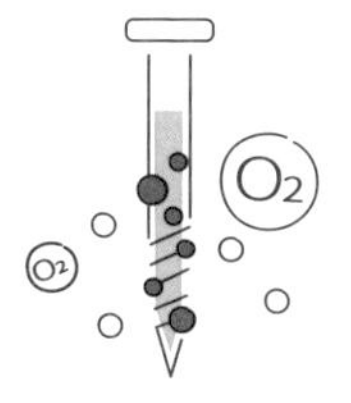

산화 방지제나 손난로의 산화 반응은 비교적 온화한 편에 속한다. '온화'하다고 한 이유는 짧은 시간에 한꺼번에 많은 열에너지를 방출하지는 않기 때문이다. 산화 반응은 환경과 물질에 따라 그 반응 속도가 다르다. 우리 일상에도 단시간 내에 많은 열에너지를 방출하여 그 열로 물을 끓이거나 요리도 할 수 있는, 격렬한 산화 반응이 있다. 전등이 발달하지 않았던 시절에는 산화 환원 반응으로 만들어지는 빛으로 불을 밝히기도 했다. 무엇인지 떠오르는가? 그렇다, 바로 **연소**다.

'작은 불씨 하나가 온 들판을 태울 수 있다'라는 말은 연소가 한번 시작되면 끝을 내기가 그만큼 어렵다는 사실을 반영한다.

연소의 3요소: 가연성 물질, 산소, 온도

가연성 물질, 산소, 충분히 높은 온도, 이 세 가지만 갖추어지면 연소는 이 셋 중 하나가 없어질 때까지 지속된다.

근래 매년 여름이면 구미 각지에서 산불이 발생했다는 소식이 들려온다. 최근에는 미국 캘리포니아에서 발생한 산불이 확산해 주 정부에서 인근 주민 수만에서 수십만 명에게 대피령을 내렸다고도 한다.

미국이든 타이완이든 산불을 진압할 때에는 소위 '방화선'이라는 것을 구축한다. 큰불이 특정 지점까지 덮쳐 오기 전에 그 지점의 초목을 인공적으로 태워서 가연성 물질이 존재하지 않는 공간을 만들어 내는 것이다. 불길이 이 방화선까지 도달하면, 그 자리에는 더 이상 가연성 물질이 존재하지 않기 때문에 불이 계속 타오르지 못한다. 그전까지 아무리 거센 불길이었더라도 가연성 물질이 존재하지 않는 구역에 이르러서는 마침내 소멸하고 만다.

이런 방법은 진귀한 산림 자원을 희생시키는 면이 있지만, 현실적으로 가장 효과가 좋은 방법이다. 산소를 완전히 차단할 수도 없고, 불이 넓은 면적에 걸쳐 있다면 물을 뿌려 끄기에도 역부족이다. 삼림 일부를 희생해서라도 큰 불길이 퍼지는 것을 막으면, 방화선 이내로 화재 피해를 한정할 수 있다.

온화한 산화 작용이든 격렬한 불길이든, 이 세상 모든 물질은 산소를 만나면 부패하거나 소멸을 향해 나아가게 되어 있다. 그래도 물질은 도금 기술 발달로 '방호복'을 두르고 보호받을 수라도 있다. 그렇다면 사람의 몸은 어떻게 해야 할까?

05

비타민 C, 비타민 E 섭취는 체내의 음극 보호법?

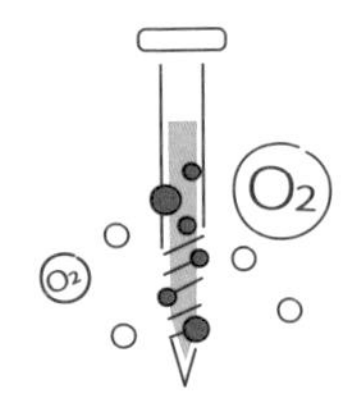

우리는 매분 매초 산소와 접촉하며 살아가고 있다. 이것은 수시로 산화되는 환경에서 살고 있다는 말과도 같다.

건강 관련 기사에서 종종 보는 **활성 산소**free radical[유리기, 자유기, 자유기 산화물, 유해 산소라고도 한다]라는 말이 있다. 산소가 다른 원소의 전자를 빼앗으려 드는 강도라면, **활성 산소는 '강도 집단'**이다.

활성 산소는 사실 **원자가 전자를 가지고 있는 형태**를 표현하는 화학 명칭이다. 자세한 정의는 복잡하지만, 지금은 활성 산소라는 것이 특정 물질이 아닌 일종의 상태라는 것만 이해하면 된다. 활성 산소는 유리기 혹은 자유기라고도 하는데, '자유기自由基'라는 명칭이 활성 산소의 정의에 좀 더 부합한다.

자유기라는 말에 '자유'가 들어가지만, 이 자유는 어디까지나 남의 고통을 전제로 한 것이다. 자유기 중에는 '수산화 자유기'라는 것이 있는데, 5장에 나온 '수산화 이온'처럼 한 개의 수소와 한 개의 산소로 이루어져 있다. '수산화 이온'에서 전자 한 개를 빼내면 '수산화 자유기'가 된다.

수산화 이온은 수산화 자유기보다 화학적으로 안정된 상태로, 무턱대고 남의 전자를 빼앗으려 들지도 않고 자신의 전자를 마구 내어 주지도 않는다. 자신이 가진 전자 수에 이미 만족하고 있기 때문이다. 그러므로 수산화 이온에서 전자를 제거하면 마치 부모님이나 선생님에게 압수당한 장난감을 돌려받지 못한

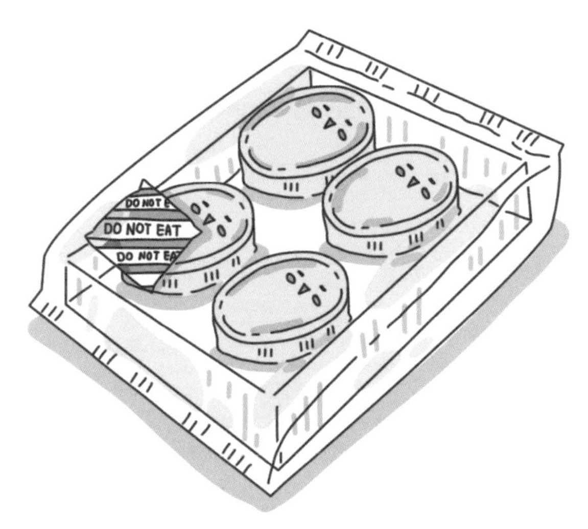

보존 기한을 늘리기 위한 산화 방지제는 산소의 영향에서 식품을 보호한다.

어린아이처럼 남의 전자라도 빼앗아 자신이 원하는 개수의 전자를 채우려고 혈안이 된다. 수산화 자유기는 자유기 중에서도 산화력이 매우 강한 축에 들고, 그만큼 우리 몸에 끼치는 해로움도 크다.

다행히 지구상에는 자유기의 해로움으로부터 우리 몸을 지켜줄 방어 수단이 되는 물질도 많이 존재한다. 이런 물질을 **항산화제**라고 한다. 비슷한 말인 '산화 방지제'는 여러 식품 포장 안에서도 본 적 있을 것이다. 식품을 가공, 보존하는 과정에서 산소의 영향으로 식품이 부패하는 것을 막기 위해 산화 방지제로 식품을 보호하고 보존 기간을 늘린다. 항산화제는 우리 몸 안에서 그와 비슷한 역할을 하는 물질이다. 이 물질들은 자유기에 맞서 죽음을 불사하는 정신으로, 자유기가 우리 몸에 해를 가하기 전에 그 물질들이 장렬히 희생, 전사하는 방식으로 우리 몸을 보호한다. (음극 보호법과 비슷하지 않은가!)

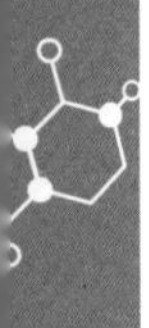

06

맥락이 어긋난 비타민 C 실험

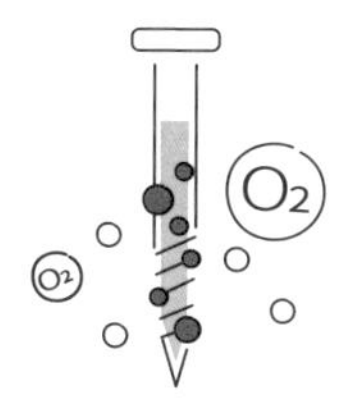

항산화제는 우리 몸에 왜 중요할까? 우리가 가장 흔하게 접하는 항산화제로는 비타민 C와 비타민 E가 있다. 우리 몸은 스스로 비타민 C를 합성할 수 없어서 채소와 과일을 통해 섭취해야만 한다. 부모들이 자녀에게 "편식하지 마라, 채소와 과일을 많이 먹어라"라고 귀가 따갑도록 잔소리하는 것도 다 이런 이유에서다.

비타민 C에 관한 가장 유명한 실험은 비타민 C와 아이오딘 팅크제Iodine Tincture의 반응 실험이다.

아이오딘 팅크제는 과거에 요오드라고도 불렸던 아이오딘과

에타올, 정제수를 혼합한 용액으로, 포비돈Povidone Iodine Solution[아이오딘 팅크보다 독성이 적고 살균력이 강한 약품]이 널리 보급되기 전 집마다 갖추고 있던 살균·소염제[일명 '빨간약']다. 성분으로 함유된 아이오딘 때문에 자극성이 강해 상처 부위에 발라 소독할 때마다 다시 한번 '뜨끔'한 약이기도 해서 이후에는 점점 포비돈으로 대체되었다.

암갈색을 띠는 아이오딘 팅크제에 충분한 양의 비타민 C를 넣어 섞으면 용액이 적갈색, 홍갈색으로 밝아지다가 마지막에는 무색투명해지는 것을 볼 수 있다. 시각적으로 정말 놀라운 변화가 아닐 수 없다.

이 실험은 한때 비타민 C 광고에도 자주 나왔는데, 이러한 시각적 변화를 통해 시청자들에게 다음과 같은 메시지를 호소하는 것이었다.

"우리 제품에는 비타민 C가 풍부해요!"
"어둡고 칙칙한 빨간약도 투명하게 만들어 줄 정도라면 당신의 피부에는 어떻겠어요?"

칙칙한 피부나 반점 때문에 고민이었던 소비자라면 기대를 품고 매장으로 달려갈 만하다. 당시에는 아이오딘 팅크제가 비타민 C 덕분에 맑은 물이 되었다고 강조하는 광고도 있었다. 그런데 과연 정말로 그런 일이 있었을까?

아이오딘은 원래 **약한 산화제**로서 산소와 마찬가지로 남의 전자를 빼앗으려 드는 성질이 있다. 이때 항산화제 역할을 하는 비타민 C가 아이오딘에게 전자를 내준다. 전자를 얻은 아이오딘은 더 이상 아이오딘이 아닌, 무색의 아이오딘 이온이 된다. 아이오딘이 비타민 C를 만나면 무색투명하게 변하는 이유다.

문제는 그다음이다.
피부의 반점도 아이오딘 성분일까?

비타민 C가 풍부하게 함유된 의약 화장품은 정말 피부의 반점도 깨끗이 없애 줄까?

물론 아니다. 모든 거무튀튀한 것들이 비타민 C와 만나기만 하면 똑같이 반응하는 것이 아니다. 연필심도 비타민 C 용액에 담가 두기만 하면 무색투명하게 변할까? 성분이 다르므로 절대 그럴 리 없다.

위의 광고 속 실험은 단지 **비타민 C가 항산화제임**을 증명한 것일 뿐이다. 과연 비타민 C가 피부의 톤도 환하게 밝혀 주고 거뭇한 반점도 깨끗하게 없애 줄까? 그것은 피부의 반점을 이루는 성분이 아이오딘과 일치할 때라야 해당하는 이야기다.

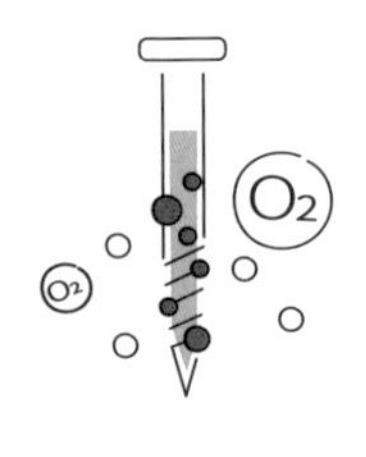

07

무서워할 필요 없는 산화 방지제

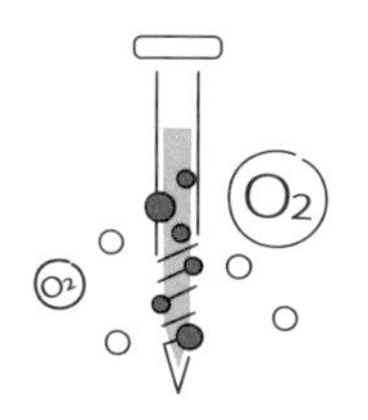

이제까지의 내용을 잘 이해했다면, 식품 포장 안에 들어 있는 산화 방지제에 대해 몸에 해로운 무슨 첨가물은 아닐까 염려할 필요가 전혀 없다는 것을 알 수 있다. 산화 방지제의 주성분이 무엇인지, 그것이 우리 몸에 어떤 영향을 미치는지는 인터넷으로 찾아보기만 해도 간단히 확인할 수 있다.

이 세상에 산화 방지제가 없었다면 음식이 금방 상해 버려 오래 보존할 수도 없고, 우리 건강에도 더 해로웠을 것이다. 고소하고 바삭바삭한 감자 칩도 지방이 산패하고 나면 더 이상 맛있게 먹을 수 없다.

앞서 2장에 나왔던 말을 다시 한 번 곱씹어 보자. **이 세상에 절대적으로 안전한 물질은 없다, 안전 범위 이내의 허용치가 있을 뿐.**

산화 방지제도 너무 많이 먹은 것만 아니라면 크게 걱정할 필요 없다.

다음번에는 감자 칩이나 컵라면을 먹을 때 봉지 뒷면에 있는 성분표도 자세히 읽어 보길 바란다. 평소 우리의 식품 안전을 책임져 온 항산화 전사들의 이름을 확인할 수 있을 것이다.

심호흡으로 산화 환원에 불을 붙여 보자!

사람들은 흔히 햇빛, 공기, 물을 생명 유지에 필요한 3요소로 꼽는다. 그중 가장 긴급하고 필수 불가결한 요소를 단 하나만 꼽는다면, 바로 공기다. 사람은 물 없이도 하루 이틀쯤 버틸 수 있지만, 공기가 없으면 단 몇 분도 버틸 수 없다.

그러나 이 장에서 다룬 내용을 통해서도 알 수 있듯이, 산화제인 산소가 우리 몸에 들어오는 게 무조건 좋기만 한 일은 아니다. 산소는 우리 몸의 세포와 조직을 산화, 손상시키기 때문이다.

그러나 지구상의 많은 생물이 바로 이런 산소에 의지하여 사는

것 역시 사실이다. 우리가 호흡을 통해 산소를 들이마시면, 체내에서는 산소를 이용해서 음식의 포도당을 산화시키고 에너지를 생산하며 필요한 때를 대비해 저장해 놓는다. 그런데 한 가지 기이한 사실은 지난 십 수억 년에 이르는 지구의 역사에서 인간이든, 다른 어떤 생물 종이든, 산화라는 단점에도 불구하고 산소가 필요 없도록 진화하지는 않았다는 사실이다. 대다수 생물에게 산소의 이점이 단점보다 더 큰 것일까? 그렇다. 유산소 호흡을 통해 생산하는 에너지가 무산소 호흡을 통해 생산하는 에너지보다 훨씬 크기 때문이다. 무산소 호흡으로는 살아가는 데 필요한 충분한 에너지를 제대로 공급하기 어렵다. 유산소 호흡은 많은 동식물의 생존과 생장에 매우 유리하다. 무산소 호흡은 균류 등 에너지 필요량이 적은 극소형 생물들에게서 주로 나타난다.

산소가 필요하다면 심호흡으로 충분!

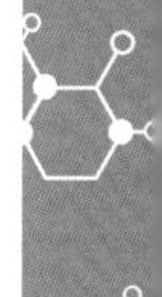

PART 7

화해·조정 전문가이자 똥개 훈련 고문관

—주방 세제는 멀티플레이어

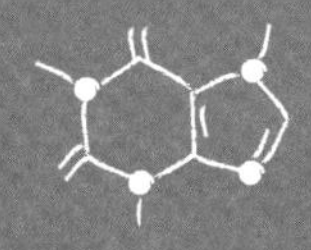

매운탕을 먹다 보면 국물 위를 떠다니는 고추기름을 볼 수 있다. 그런데 그 기름이 왜 국물 위를 떠다니는가에 대해서는 별로 생각해 보지는 않는다. 물론 우리는 같은 부피의 기름이 같은 부피의 물보다 가볍기 때문이라는 사실을 잘 알고 있다. 직관적으로도 이해하기 어렵지 않다. 그런데 구글에 좀 더 가르침을 청해 보면, 물보다 가벼운 물질은 세상에 아주 많다는 사실을 알 수 있다. 알코올도 물보다 가벼운 물질 가운데 하나다. 그런데 알코올을 물에 넣어 보면, 물과 기름처럼 명확한 경계선을 이루며 나뉘지 않고 물과 하나로 혼합되어 버린다.

기름이 물 위에 뜨는 데에는 무게 외에 또 다른 원인이 있지 않을까? 그렇지 않다면 기름도 알코올처럼 물과 섞일 수 있었을지 모르는데 말이다. 대체, 기름이 물과 섞이지 않는 이유는 무엇일까?

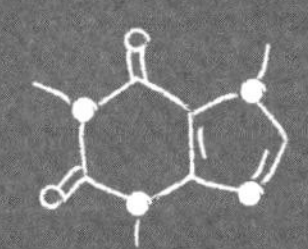

01

인간관계로 보는 화학 분자의 극성

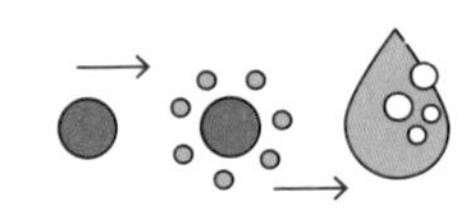

화학은 우리 일상에서도 그 원리를 찾을 수 있는 경우가 많아 흥미롭다.

저마다 학창 시절을 돌이켜 보면, 어느 반이나 아이들 개성은 참으로 제각각이었다는 기억이 떠오를 것이다. 성격이 활달하여 여기저기 돌아다니면서 웃기는 이야기로 폭소를 자아내는 아이들이 있는가 하면, 조용한 성격에 잘 나서지 않고 관심사도 남들과 다른 독특한 아이도 있다. 그렇게 각자의 개성에 따라 서로 통하는 친구들끼리 모여 어울리다 보면, 반은 어느새 몇 개의 작은 모둠으로 나뉜 모습을 보게 된다. 각각의 모둠은 서로 개성이 비슷한 아이들끼리 모여 있다.

화학의 세계도 비슷하다. **모든 화학 분자는 각자의 독특한 '성**

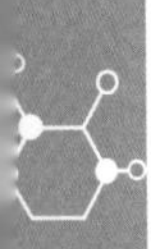

질'이 있는데, 한 분자가 다른 분자와 만났을 때 서로의 성질이 비슷하다면 함께 어울리며 '좋은 친구'가 된다. 이들은 물과 알코올처럼 하나로 잘 혼합된다. 그런데 두 분자의 성질이 크게 다르면, 함께 있어도 마치 물과 기름처럼 두 분자 사이에 뚜렷한 경계선이 생긴다. 이러한 '성질'을 화학에서는 **극성**이라고 한다.

분자에는 왜 극성이 있을까?

이 지점에서 우리는 다시 한번 원자 유치원으로 돌아갈 필요가 있다. 다섯 살 아이들 셋이서 장난감을 가지고 놀고 있다고 상상해 보자. 그중 성질이 포악한 아이가 있으면 다른 아이의 장난감을 자꾸만 빼앗으려 들고, 장난감을 빼앗긴 아이는 주저앉아 엉엉 우는 것을 볼 수 있다. 원자의 세계에서도 자신이 가진 전자 수에 만족하지 못하는 원자가 다른 원자와 마주치면, 상대의 전자를 빼앗으려 드는 전자 쟁탈전이 벌어진다.

특히나 성질 포악한 원자가 베풀기 좋아하는 착한 원자를 만나기라도 하면, 아주 쉽게 한쪽은 전자를 잃고 다른 쪽은 전자를 얻는다. 한쪽이 빼앗으면 다른 쪽은 순순히 빼앗기는, 음이온과 양이온의 짝이 만들어지는 것이다.

그런데 만약 서로 힘도 엇비슷하고 둘 다 성질이 포악한 원자들끼리 외나무다리에서 만났다면, 어떤 일이 벌어질까? 서로 상대의 전자를 빼앗기 위해 극악한 혈투가 벌어질까? 그렇게 온종일 싸우고도 누구 하나 상대의 전자를 빼앗는 데 성공하지 못했다면, 원자들은 서로 상대방의 전자를 공유하기로 '합의'한다. 그런데 이 합의가 항상 공평한 것만은 아니다. 둘이 그래도 비슷한 종류의 원자라면 서로의 원자를 딱 중간에 두고 공유하기로 합의할 수 있지만, 서로가 완전히 다른 종류의 원자라면 아무리 힘이 엇비슷해도 조금이라도 더 센 쪽이 전자를 자기 쪽에 가깝게 '당겨 온다'(그래도 완전히 빼앗아 오지는 못 한다).

이런 전자 분배의 불균등이 '극성'의 원인이 된다.
화학에서는 전자 분배의 불균등이 심할수록
극성도 커진다고 말한다.

자연계에서 한 개의 분자가 꼭 두 개의 원자로만 구성되는 것은 아니다. 복잡한 경우에는 수십에서 수백 개의 원자로도 구성되어 있다. 그러므로 분자의 극성이 얼마나 크고 작은가는 분자를 이루고 있는 원자들 사이의 상호 영향에 따라 달라진다.

개인이 각자 지닌 개성처럼, 극성은 모든 분자가 가지는 특성이다. 극성이 얼마나 큰가 작은가의 차이가 있을 뿐이다.

기름과 물이 섞이지 않는 이유는 물의 극성이 상당히 큰 반면, 기름의 극성은 작기 때문이다. 우리도 서로의 개성과 가치관을 차이를 존중하기보다 누가 더 큰가 작은가 만을 비교하려 들면, 서로의 습관과 취향을 알아가기 힘들어 조화롭게 어울릴 수 없을 것이다.

화학에서는 극성이 비슷한 물질일수록 쉽게 혼합되어 하나로 용해되는 성질이 있다. 이를 '혼화성miscibility'이라고 한다.

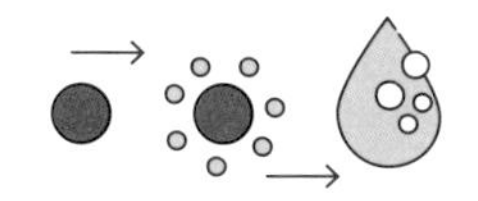

화학 플러스

알코올과 물의 특수한 관계

알코올과 물은 꽤 '파격적'이어서 어떤 비례로 섞어도 고르게 혼합되어 층의 분리가 일어나지 않는다. 그런데 왜 '파격적'이라고 하는가?

대다수 물질은 물에 용해될 때 무제한으로 용해되는 것이 아니라 어느 정도까지, 라는 상한선이 있다. 바로 이 상한선을 '용해도'라 한다.

예를 들어, 작은 물 한 잔에 소금을 몇 꼬집 넣고 섞으면 1에서 10까지 세는 동안 대부분 녹아 있을 것이다. 여기까지는 실험이랄 것도 없는, 아주 일상적인 경험이다. 그런데 만약 소금 한 봉지를 전부 들이붓는다면, 며칠에서 몇 주 혹은 몇 달을 기다려도 소금은 결코 다 녹지 않는다. 소금이 다 녹는 그 날은 아마 영원히 오지 않을 것이다(그 전에 물이 다 증발해서 없어질지도). 그런 의미에서 알코올과 물은 어떤 비례로 혼합해도 완벽하게 용해되는 몇 안 되는 사례라는 것이다.

술과 물은 제한 없이 혼합된다 해도
내 주량에는 한계가 있다오….

02

화해만을 주선하는 계면 활성제

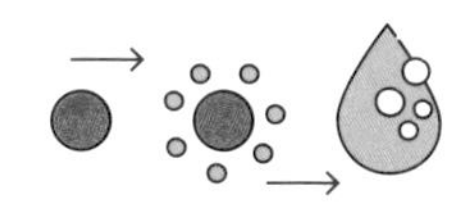

사회에서 개성이나 습관, 가치관이 나와는 다른 사람을 만나면 처음부터 덜컥 친해지려고 하기보다 조금 거리를 두고, 심할 때는 아예 배척해 버리기도 한다. 우리는 살면서 상대방의 의견을 경청하고 그의 입장을 이해해야 한다고 배운다. 그러나 배운 대로 행하기란 쉽지가 않다. 누군가를 이해하기 위해서는 그 사람의 언행과 됨됨이를 지켜보는 시간도 필요하지만, 나와는 다른 그 사람의 특성을 내가 받아들이고 소화할 시간도 필요하다.

우리는 모두 자신에게 '꼬리표'가 붙는 것을 싫어하지만, 그 사람이 '누구누구의 팬'이라든가 '무엇무엇의 마니아'라고 할 때처럼 **꼬리표**는 때로 누군가의 어떤 면을 이해하게 하는 실마리가 되기도 한다. 우리가 흔히 꼬리표를 보고 사람을 판단하는 까닭은 시간 절약을 위해서이기도 하고, 우리의 기존 관념에 그대로 부합하는 경우가 많아 무리 없이 잘 받아들여지기 때문이다. 그러나 이것은 어디까지나 판단을 선입견 아래 가두어 놓는 일일 뿐이다. 사람 사이의 복잡 미묘한 차이를 어떻게 한두 마디 말로 간단히 단정 지어 버릴 수 있을까?

가치관이 완전히 다른 두 사람이라도 성의 있는 대화를 통해 상대방의 입장을 들으며 자기 안의 편견을 깰 수 있다면, 적대감을 떨치고 우호를 다져 나갈 수 있을 것이다.

화학의 세계도 비슷하다. 물과 기름처럼 서로 섞이지 않는 사이라도 **중재자**가 둘 사이의 벽을 깨 주면, 물과 기름은 점차 가까워져 마침내 하나로 섞일 수 있다. 이 중재자는 우리의 일상에서 매일 접하는, 생활에 없어서는 안 될 필수품이기도 하다. 그것은 바로 우리가 흔히 **세정제**라고 부르는 물질 안에 들어 있는 **계면 활성제**다.

당신도 사이가 틀어진 친구들 사이에 끼어들어, 오해를 풀고 화해하게 만든 경험이 있는가? 이때 중재자는 반드시 두 사람 모두의 입장을 잘 이해하고 있어야 한다. 그래야만 둘 사이의 오해를 정확히 풀 수 있기 때문이다. 계면 활성제는 물과 기름 사이에서 바로 그런 역할을 한다. 계면 활성제의 독특한 화학적 구조는 꼬리가 긴 올챙이와 비슷하다고 상상하면 된다.

계면 활성제가 물과 기름 사이에서 '가교' 역할을 할 수 있는 것은 분자의 머리와 꼬리에 해당하는 양 끝이 각각 '높은 극성'과 '낮은 극성'으로 되어 있어, 한쪽 끝은 물에 용해되고 다른 쪽 끝은 기름에 용해되기 때문이다. 우리가 세정제를 물에 푼 뒤 씻을 대상을 그 물에 넣어 흔들거나 문지르면, 계면 활성제의 친유성 말단은 기름때를 포위하고 친수성 말단은 외부로 향해 있어 물에 의해 쓸려 나간다. 이렇게 해서 성공적으로 기름때를 제거하는 것이다.

기름때 제거의 관건은 계면 활성제가 기름때를 확실하게 포위하는 데 있다. 기름때가 너무 많거나 계면 활성제의 양이 부족하면, 계면 활성제가 기름기를 충분히 포위하지 못해 완벽하게 제거할 수 없다.

계면 활성제는 담판 현장의 중재자처럼 한쪽 손으로는 기름의 손을,
다른 쪽 손으로는 물의 손을 잡아 서로 악수시키는 역할을 한다.

눌어붙은 음식 찌꺼기에 기름마저 흥건한 접시를 닦을 때면 세정제를 두 번 세 번씩 짜는 이유도 이 때문이다.

계면 활성제는 물과 기름 사이에서 가교가 되어 기름때를 제거할 뿐 아니라 **표면 장력을 약하게 만드**는 중요한 역할을 한다.

표면 장력이란 무엇인가?

표면 장력은 액체 특유의 물리적 성질로, **액체의 분자들이 서로를 끌어당기는 힘 때문에 액체가 사방으로 흩어지지 않고 응집되는 경향**을 말한다.

물을 가득 채운 잔은 표면 장력을 관찰하기 아주 좋은 교재다. 컵의 가장자리에서 수평으로 물의 표면을 바라보면, 물이 결코 평평하게 퍼져 있지 않다는 것을 알 수 있다. 물은 아주 조금이나마 가운데가 볼록 올라와 있어서, 물의 높이가 컵의 높이보다 살짝 높다. 잔의 입구가 좁을수록 이런 특성을 더욱 뚜렷하게 볼 수 있다.

이는 표면 장력에 의한 현상 가운데 하나다. 액체 분자들이 서로를 끌어당기는 힘은 물과 물이 서로 손을 맞잡고 병풍처럼 이어져 있는 것과 비슷하다. 어떤 물체가 물속으로 떨어지기 위해서는 먼저 이 수면 병풍을 깨야만 한다.

혹 바늘이 물 위에 뜬다는 사실, 알고 있는가? '여인의 마음 깊은 곳에는 바늘이 있다'라는 말은 들어 봤어도, '물 위에 뜬 바늘'이란 말은 못 들어 보았을 것이다. 부력의 원리를 떠올려 보아도, 바늘은 물보다 무거우므로 바늘을 물에 넣으면 가라앉을 것 같은데 말이다. 그런데 생각의 방향을 바꾸어, 바늘을 가로로 눕힌 상태로 물 위에 가볍게 얹어 보자. 바늘이 그대로 물 위에 뜨는 것을 볼 수 있을 것이다! 바늘을 최대한 수평으로 눕히지 않으면 그 약간의 각도 차이 때문에 실패할 수도 있지만, 대부분 어렵지 않게 바늘을 물에 띄울 수 있을 것이다. 이것은 어디까지나 물의 표면 장력이 만들어 낸 '수면 병풍' 때문이다.

바늘이 물 위에 뜨는 것은 물의 부력 때문이 아니다. 부력에 의한 것이었다면 바늘은 물에 잠기더라도 바닥까지 가라앉지 않고, 마치 폴리에틸렌처럼 아무리 힘을 주어 물속으로 밀어 넣어도 안정적으로 다시 물 위로 떠오를 것이다.

그렇다면 '표면 장력을 낮춘다'라는 말은 무슨 의미인지 상상 가능한가?

물에 계면 활성제(주방 세제나 치약 등 거품이 나는 세정제)를 넣으면, 물 분자들이 서로를 끌어당기는 힘을 낮추어 **물이 근육 이완제라도 먹은 것처럼,** 스르르 결합을 푼다. 이전까지 물의 표면이 '떠받쳐 주던' 바늘 등의 물건은 더 이상 그 힘을 계속 받지 못하게 되는 것이다. 처음 바늘을 띄웠던 물에 세정제를 풀어서 섞고, 바늘을 가로로 눕혀 다시 물의 표면에 얹어 보자. 아까와는 다르게 스르르 밑으로 가라앉을 것이다.

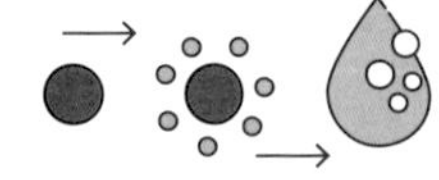

03

주방에서의 작은 실험: 신기한 표면 장력 관찰

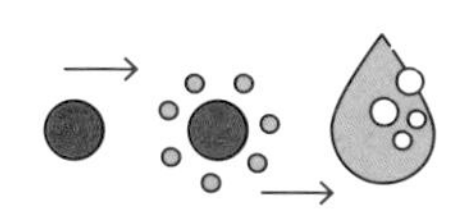

실험실까지 갈 것도 없다. 주방에 있는 도구들만으로 간단한 표면 장력 실험이 가능하다.

1. 밥그릇 한 개를 준비하고, 그릇의 80% 높이까지 물을 채운 뒤 물 표면에 후추를 가득 뿌린다.
2. 세정제와 우유, 소금물 등 여러 다른 액체를 실험의 대조군으로 준비한다.
3. 후추를 뿌린 그릇에 우유나 소금물을 흘려 넣으며 물 표면에서 나타나는 후추의 반응을 관찰한다.
4. 후추를 뿌린 그릇의 중앙에 소량의 세정제를 흘려 넣은 뒤 수면 위 후추의 반응을 관찰한다.

실험을 진행해 보면, 3번 항목에서 우유, 소금물 등 무엇을 넣어도 수면 위 후춧가루가 아무 반응을 보이지 않는 것을 알 수 있다.

그런데 4번 항목에서 **세정제를 흘려 넣으면, 수면 위 후춧가루들이 갑자기 나타난 괴물을 피해 도망가기라도 하듯 그릇의 벽 쪽으로 몰려가는 것을 볼 수 있다.** 왜 이런 일이 생기는 걸까? 이런 현상은 어떻게 설명해야 할까?

세정제가 흘러들어 물과 섞일수록 물 전체의 표면 장력이 낮아지는데, 그릇이 큰 경우에는 세정제를 넣자마자 그릇 안 구석구석까지 금방 세정제가 퍼지지 않는다. 세정제가 떨어진 지점은 곧바로 표면 장력이 낮아지기 시작하지만, **세정제에서 멀리 떨어진 물은 아직 그 영향을 받지 않은 것이다.** 맑은 물에 먹물을 한 방울 떨어뜨렸을 때 역시 먹물이 떨어지자마자 물 전체가 까맣게 흐려지는 게 아니라 먹물이 조금씩 퍼져 나가다가 나중에야 고르게 혼합되는 것과 비슷하다.

세정제를 떨어뜨린 다음부터는 마치 팽팽하게 당긴 랩의 표면에 작은 구멍이 났을 때와 비슷한 일이 벌어진다. 가운데 구멍을 중심으로 여전히 사방에서 당기는 힘이 작용하면, 랩이 사방팔방으로 찢어지면서 가운데의 작은 구멍도 점점 더 크게 벌어질 것이다.

후춧가루를 뿌린 그릇의 중앙에 세정제를 떨어뜨리면,
후춧가루들은 그릇의 벽 쪽으로 물러난다.

후추를 뿌린 그릇도 마찬가지다. 수면 위를 떠다니던 후춧가루는 수면이 '찢어지는' 방향, 즉 사방팔방으로, 그릇의 벽 쪽으로 이동하게 된다. 그런데 우리의 눈은 물이 이동하는 모습을 볼 수 없으므로 후춧가루들이 '놀라 도망가는' 것처럼 보이는 것이다.

사실 우리는 하루 24시간 내내 계면 활성제와 함께 살아가고 있다 해도 과언이 아니다. **아침에 일어나면 치약으로 이를 닦고, 비누로 세안을 하고, 손 세정제로 손을 씻고, 주방 세제로 설거지**

를 하고, 세탁 세제로 빨래를 하고, 심지어 아이들이 좋아하는 비누 거품 놀이도 물에 세정제를 풀어야만 할 수 있다.

'순 천연'을 표방하는 세정제조차 주원료를 자연에서 얻었다는 뜻일 뿐 제조 과정에서도 화학적 가공을 거치지 않을 수는 없으며, 제품 안에 들어 있는 계면 활성제까지 자연의 식물에서 얻었을 리는 더더욱 없다. 그러므로,

순 천연이나 유기농을 표방하는 문구는 그저 당신을 안심시키는 말일 뿐이다. 따라서 그 제품으로 무언가를 씻을 때는 세정제 성분까지 깨끗이 씻어 내야 한다.

그러나 앞에서도 여러 번 반복했지만, '화학 성분'이나 '화학 처리'라는 말에 너무 걱정할 필요는 없다.

화학이라는 말은 어디까지나 변화의 과학이라는 뜻일 뿐이다. 화학을 통해 삶이 더욱 나아질지, 나빠질지는 그것을 사용하는 사람에게 달려 있다. 세정제를 이용하여 그릇을 깨끗이 씻은 당신은 이미 화학을 통해 '깨끗해지는 변화'를 선택한 것이다.

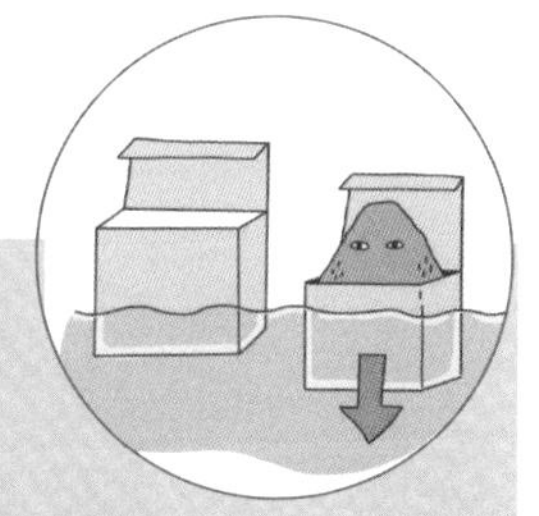

뜨고 가라앉음을 결정하는 것은 무게가 아닌 밀도

우리는 흔히 '기름이 물보다 가벼우니 물에 뜨는 것'이라고 생각하기 쉽다. 그러나 이 말은 과학적으로 틀렸다. 기름 한 컵에 물 몇 방울을 섞어도 바로 그 몇 방울의 물이 밑으로 가라앉기 때문이다. 그러므로 단순히 무게만을 뜨고 가라앉음의 기준으로 삼는 것은 합리적이지 않으며, 여기에는 반드시 '같은 부피라면'이라는 전제가 들어가야 한다.

빈 종이 상자를 물에 던지면 수면 위에 떠 있겠지만, 상자에 모래를 가득 넣으면 결과는 달라질 것이다. 꼭 실험해 보지 않아도 누구나 결과를 예상할 수 있다. 상자 안을 무거운 돌이나 모래로 채우면 밑으로 가라앉게 되어 있다. 기름이 물에 뜨는 원리도 이와 비슷하다. 같은 부피일 때, 기름은 물보다 가벼우므로, 빈 종이 상자처럼 물에 뜨는 것이다.

과학에서는 물질의 빽빽한 정도를 객관적으로 기술하기 위해 '밀도'라는 단위를 사용한다. 과학에서 밀도에 대해 내리는 정의는 '단위 부피당 질량'이다. 무슨 말인지 이해하기 어렵다면 다시 앞의 종이 상자를 떠올려 보자. 똑같은 종이 상자를 모래로 가득 채우면 빈 상자일 때와 부피가 같지만, 빈 상자 속의 공기가 모래로 대체되어 무거워진다. 상자 안의 공간이 '빽빽해진' 것이다. 이로써 밀도가 높을수록 밑으로 가라앉는다는 것을 알 수가 있다. 그러므로 '기름은 물보다 가볍다'라는 말은 '기름의 밀도가 물보다 낮아서 기름이 물 위에 뜨는 것'이라고 말해야 한다.

뱃속이 음식으로 가득 차면 나는 더 빨리 가라앉겠군….

PART 8

음식으로 장난친 죄

—식품 안전의 흑역사

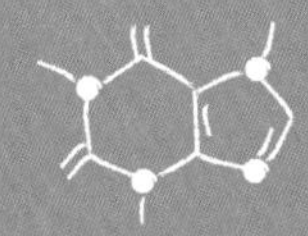

타이완 사람들은 '식품 파동'이라고 하면 살충제 계란, 가소제 음료, 공업용 색소, 표백제 콩나물, 탄산 마그네슘 후추, 공업용 돼지기름 재처리 사건 등이 떠오를 것이다. 지금까지도 사람들의 기억에서 좀처럼 사라지지 않고 있는 사건들이다. 더 안타까운 것은 이런 식품 관련 사건이 알려짐으로써 문제가 개선되는 것이 아니라 공포감과 걱정만 더 자아내고 있다는 사실이다. 마치 집에서 어느 날 바퀴벌레가 한 마리 보이면, 더 많은 바퀴벌레가 집 안 곳곳에 숨어 있을 것 같아 밤에 잠도 안 오는 것처럼. 이 장에서는 식품 안전에 관한 화학 지식에 대해 이야기하고자 한다.

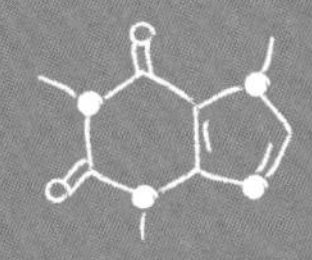

01

멜라민 그릇은 야시장의 좋은 친구

식품 안전에 관한 사건이 터질 때마다 "원소 주기율표에 나오는 성분을 한 번씩 다 먹어 본 건 타이완 사람들뿐일 것"이라며 자조하는 사람들이 있다. 왠지 웃기면서도 슬픈 말이다. 최근 일어난 가장 기억에 남는 식품 관련 사건은 타이완에서 발생한 가소제 음료[2011년, 합성수지의 가소제인 DEHP가 음료 등의 여러 식품과 화장품 등에서 검출된 사건] 사건과 2008년 중국에서 발생한 **멜라민 분유 파동**일 것이다.

특히 멜라민 분유 사건이 충격적이었던 것은 잘못된 성분을 첨가한 제품이 다름 아닌 '분유'였다는 것, 피해 대상이 대부분 영유아였다는 사실 때문이다. 당시 이 분유에 피해를 당한 영유아는 4만여 명에 달한다. 분유에 들어간 멜라민은 사람의 몸에서 신장 결석 등의 질병을 일으킬 수 있다고 한다. 이 사건은 중국에서 일어났지만, 타이완에까지 영향을 미쳤다. 일부 수입상들이 이 멜라민 분유를 수입하여 전국적으로 유통시키는 바람에 제과, 제빵 원료로 사용되는 등 타이완 사회 전체에 공포감을 불러일으켰기 때문이다.

원래 멜라민은 판재나 그릇을 만드는 데 사용되는 중요한 원료 가운데 하나다.

우리는 이런 제품을 어디에서 볼 수 있을까? 멜라민을 원료로 만든 그릇은 타이완의 야시장이나 포장마차, 국숫집 등에서 흔히 볼 수 있다. 길거리 음식인 굴전이나 돼지 선짓국을 먹을 때 나오는 **플라스틱 질감의 하얀, 붉은, 녹색의 그릇**이 바로 그것이다. 이런 그릇은 주원료 가운데 하나가 멜라민이어서 **멜라민 그릇**으로도 불린다.

멜라민 그릇이 포장마차나 분식집 등에서 널리 쓰이는 이유는 가격이 싸고, 고온에도 잘 견디며, 잘 부식되지 않기 때문이다. 야시장처럼 사람들이 많이 지나다니는 환경에서는 1분 1초의 시간도 아껴야 하기 때문에, 식기를 하나하나 세척해 가며 장사할 겨를이 없다. 이런 곳에서는 음식을 먹고 난 식기를 커다란 물통에 넣고 한꺼번에 씻는데, 이때 도자기류의 식기는 깨지기 쉽다. 식기를 씻을 때마다 몇 개씩 깨져 새로 사야 한다면

야시장에서 흔히 볼 수 있는 하얀, 붉은, 녹색의 그릇들이
바로 멜라민으로 만든 것이다.

이윤을 남기기 힘들다. 반면 멜라민 식기는 가벼우면서도 잘 부서지지 않아 관리가 쉽다.

세상에, 공업용 원료를 분유에 넣었다는 말만 들어도 고개가 내둘러진다. 첨가물에도 등급이 있지만, 멜라민에는 '식용 등급'이 없다. 멜라민을 섭취하면 명백히 인체에 손상을 가하기 때문이다. 그런데 원래는 먹을 수 없는 멜라민을 왜 하필 분유에 넣었던 것일까?

화학 플러스

공장에서도 빵집에서도 사용하는 베이킹파우더

공장에서도 빵집에서도 볼 수 있는 공통 화학 물질이 있다. 탄산수소 나트륨(일명 소다)은 공업에서 중요한 염기성 물질인 동시에, 빵집에서도 빵을 부풀게 하는 중요한 원료다. 그렇지만 너무 걱정할 필요는 없다. 빵집 주인에게 '양심'이 있다면 공장에서나 쓰이는 포대 속 소다를 빵 만드는데 넣지는 않을 테니. 소다는 크게 '공업 등급'과 '식품 등급'으로 나뉜다. 식품 등급의 소다는 우리가 먹어도 아무 문제가 없다. 식품 등급의 소다는 공업용 소다에 비해 중금속 등 이물질 관리가 훨씬 엄격하기 때문이다. 당연히 가격도 공업용에 비해 훨씬 비싸다. 그만큼 빵집 주인의 양심이 중요하다는 뜻이기도 하다.

양심을 회복하면 모두에게 건강이!

02

킬달 분석법을 속여 넘긴 멜라민

분유는 농축과 건조 처리를 거친 식품으로 시중에 출시되기 전, 단백질 농도가 충분할 정도로 높은지 확인하기 위해 **질소 함량 측정**을 거친다. 여기서 **질소 함량은 질소 원자의 '수량 백분비'가 아닌 '중량 백분비'**를 의미한다. 특정 물질 안에 어떤 원자가 있는지, 그 중량의 비중은 어느 정도인지 알기 위해서는 원소 분석 실험을 거친다. 그중 분유의 유효 성분을 확인하기 위해 사용되는

'킬달Kjeldahl 질소 분석법'은 분석 화학에서 질소 원자의 중량 백분비를 측정하는 전문적인 방법이다.

그런데 왜 분유에 대해 탄소 함량이나 수소 함량이 아닌, 질소 함량을 측정할까? 우유에는 동물성 단백질이 풍부한데, 이 단백질을 구성하는 독특한 원자가 **질소**이기 때문에 측정의 지표가 된 것이다. **질소 함량의 중량비가 너무 낮으면, 우유 성분이 적게 들어갔다고 간접적으로 판단**하고 제품을 부적격으로 판정할 수 있다. 상대적으로 동식물을 구성하고 있는 가장 흔한 원자는 탄소 원자와 수소 원자다. (우유에도 단백질 외에 탄소 원자, 수소 원자가 존재하며 유당이나 비타민 등의 물질도 마찬가지로 존재한다.) 그러므로 탄소와 수소 함량을 측정하면 단백질이 아닌 성분의 산소, 수소까지 수치에 포함되어 정확한 단백질 함량을 알 수 없게 된다. 그렇다 보니 자연히 단백질에만 포함되어 있는 질소를 측정 대상으로 삼게 된 것이다.

물론 이런 방법은 엄밀한 정확성을 담보할 수 없다. 어디까지나 **간접적인 판정** 수단이기 때문이다. 지금의 분유 제조업체들이 양심적이라면, 질소 함량 테스트를 통과한 것만으로도 분유에 들어간 우유의 순도를 신뢰할 수 있을 것이다. 그러나 그들의 양심에 구멍이 나 있다면, '다른 물질'을 첨가해서 단지 질소의 함량만 높이는 것도 얼마든지 가능하다. 테스트만으로는 그 질소가 우유 단백질에서 비롯된 것인지 알 방법이 없기 때문이다. 탄소 원자나 수소 원자를 측정할 때와 비슷한 문제에 봉착하게 되는 것이다.

그런데 양심은 불량하나 머리는 좋았던 것일까? 일부 우유 생산업체들은 테스트의 이런 허점을 놓치지 않았다. **단백질의 평균 질소 함량은 대략 16%** 정도다. 우유에 물을 타는 방식으로 원유를 빼돌리기로 마음먹었다면, 다른 물질의 질소 원자를 통해 저 비율만 맞추면 된다. 지금 이 책을 읽고 있는 당신이 숨쉬고 있는 공기의 80%도 질소다. 질소는 이렇게나 흔해서 매우 손쉽게 얻을 수 있다. 어디선가 질소만 가져와 분유에 보충하면 되는 것이다. 그러나 기체를 고체에 혼합시키는 것은 그리 좋은 방법이 아니다. 기체가 금방 날아가 버릴 수 있기 때문이다. 그

양심에 구멍이 난 업체들은 폭리를 취하고자 분유에
멜라민을 넣어 제조 단가를 낮추었다.

러므로 질소의 함량이 단백질의 질소 함량보다 높으면서 상온에서는 고체이고, 분유와도 잘 섞일 수 있는 다른 물질을 찾기만 하면, 이 양심 불량 사업은 대성공을 거둘 수 있다.

그렇게 해서 찾아낸 물질이 바로 **멜라민**이었다. 멜라민은 **질소 함량이 66%로**, 우유 단백질의 네 배에 달한다. 이것은 **분유 한 통을 만들 수 있는 원유의 양으로 분유를 네 통까지 만들 수 있다**는 뜻이었다. 더욱이 멜라민은 대량으로 사용되는 공업 원료라 가격 역시 매우 저렴하다. 그래서 이들은 구멍 난 양심으로 멜라민을 분유에 넣기로 한 것이다. 진주알 사이에 생선 눈알을 섞어 비용을 낮추는 것과 같은 이런 수법 때문에 수많은 아이가 죽거나 병에 시달리게 되었다.

03

멜라민 그릇도 우리 몸에 해로울까?

멜라민이 그렇게 해로운 물질이라면, 멜라민 식기는 안심하고 사용해도 될까?

멜라민 그릇에도 멜라민 성분이 잔류해 있지 않을까? 굴전이나 돼지 선짓국을 먹을 때 멜라민 성분도 같이 먹게 된다면?

답은, 그럴 일이 아예 없다고 할 수는 없다는 것이다. 멜라민 그릇을 제조할 때 표면의 멜라민 성분이 100% 제거되는 것은 아니기 때문이다. 더욱 난감한 것은 질 낮은 멜라민 그릇일수록 멜라민의 잔류 수치도 높아, 저온의 환경에서도 멜라민이 용출

될 수 있다는 사실이다. 멜라민 그릇이 아무리 잘 깨지지 않는다고 해도, 큰 통에 넣어 한꺼번에 세척하는 과정에서는 그릇끼리 서로 부딪히면서 어딘가 상처가 날 수 있고, 그 상처를 통해서도 멜라민은 용출될 수 있다.

이에 대해 타이완의 국립 환경 독성 물질 연구 센터에서는 "품질이 우수한 멜라민 식기는 물에 담갔을 때 위로 떠오른다"라는 판별법을 공표한 바 있다. 그러나 우리가 일상에서 이런 방법을 활용하기란 쉽지 않다. 야시장에서 음식을 주문하기 전에 그릇 먼저 달라고 한 뒤, 일단 실험을 먼저 해 보고 먹을지 말지 결정하겠다고 할 수 있을까?

우리는 앞에서 화학 물질 섭취에 대해 '절대적으로 안전한 물질은 없다, 안전하다고 허용되는 양이 있을 뿐'이라고 한 바 있다. 국제 법규에는 성인의 일일 허용 가능한 섭취량이 규정되어 있고 타이완에서도 관련 법규를 제정하여 관리하고 있다. 하지만 **적은 양의 멜라민 섭취도 성인의 신장 결석 발병 소지를 높인다**는 연구 결과가 다수 존재하기 때문에(정확한 섭취 허용량을 규정하기 위해서는 상당한 논의가 필요함을 알 수 있다) 하루의 식사 대부분을 외식으로 해결하는 사람이라면 특히 주의가 필요하다. 멜라민 식기의 잠재적인 위협에서 벗어나고 싶다면 우선 가정에서부터 멜라민 식기를 없애고, 외식이 잦은 사람은 자신만의 친환경 식기를 가지고 다니는 것도 한 방법이다. 피치 못하게 멜라민 식기를 사용하게 되었다면 **물을 많이 마시면 도움이 된다.** 멜라민이 극소량 용출되었다면, 물 섭취를 통한 활발한 대사 활동으로 신장 결석이 생길 가능성을 낮출 수 있다.

그런데 야시장을 돌아다니다 보면, 그릇을 씻을 시간도 없어 **그릇에 바로 비닐을 씌워 음식을 담아 주고, 손님이 음식을 다 먹으면 같은 그릇에 새로운 비닐을 씌워 중복해서 사용하는 경우가 많다.**

이런 방법이 차라리 빠르고 편리하기도 하거니와, 기름에 식기의 성분이 용출되는 것도 막을 수 있어 보인다. 혹시라도 멜라민을 섭취하게 될까 봐 걱정이었던 사람은 이렇게라도 해서 멜라민을 섭취하게 될 가능성에서 벗어날 수 있다. 그러나 비닐 남용은 또다시 환경에 문제가 된다는 단점이 남아 있다. 더 걱정이 많은 사람이라면, 굴전이나 볶음국수와 같은 뜨거운 음식을 먹을 때, 비닐에서도 어떤 유해 성분이 용출되지 않을까 불안할 수도 있다. 이를테면… 가소제 같은 것 말이다.

04

가소제와 떼려야 뗄 수 없는 PVC

가소제 파동은 근래 타이완 식품 안전 흑역사에서 가장 기억에 남는 사건이다. 그전까지는 '가소제'라는 게 뭔지 잘 모르는 사람이 대부분이었지만, 이제는 가소제라는 말만 들어도 낯빛이 바뀌는 사람이 많아졌다.

대체 가소제란 무엇이며 플라스틱과는 어떤 관계인 걸까?

가소제가 플라스틱하고만 연관되어 있다고 생각하는 사람도 많은데 사실은 전혀 그렇지 않다.

'가소'성이라는 말은 어떤 물질에 첨가되었을 때 그 물질을 유연

하게 만들어 어떤 모양으로든 빚을 수 있게 만들어 준다는 의미다. 그래서 가소제는 우리의 일상에서 없는 곳을 찾아보기가 힘들다. 플라스틱에 가장 널리 사용되기는 하지만, 일부 플라스틱 제품 외에(모든 플라스틱 제품에 사용되는 것은 아니다) 콘크리트, 시멘트, 석고 등에도 사용된다. 가소제는 그 용도가 광범위하고 종류도 수백여 종에 이를 만큼 다양하기 때문이다.

안타깝게도 수백여 종의 가소제 가운데 몇 종은 인체에 특별히 유해성이 높지만, 알게 모르게 우리의 생활 가까이에 있다.

그중 DEHP(디에틸헥실프탈레이트)라는 가소제는 PVC(폴리염화 비닐)에 흔히 사용되는데, PVC 호스는 매우 견고해서 많은 건물이나 주택에도 설치되어 있다. 질기고 방수성이 있어 우비나 장화는 물론 랩을 만드는 데에도 쓰인다.

어, 그런데 조금 이상하게 느껴지지 않는가? **같은 PVC로 견고한 호스도 만들고 부드러운 우비나 장화, 랩도 만든다고?**

그밖에 흔히 볼 수 있는 다른 플라스틱들도(다음 글에서 다룰 폴리에틸렌과 폴리프로필렌을 포함) 제작 과정에서 완제품의 경도를 조절하는데, PVC 자체는 단단한 재질에 속하기 때문에 부드럽게 만들기 위해서는 가소제를 첨가해야 한다. 이로써 미루어 알 수 있듯이 **부드러운 PVC 제품일수록 가소제 함량이 높다.**

우리는 보통 음식을 데워 먹을 때 냉장고에서 꺼낸 음식을 그릇에 담아 랩을 씌운 뒤 전자레인지에 넣어 돌린다. 원래는 음식을 전자레인지에 넣고 가열하면 음식의 물이나 기름이 전자레인지의 안쪽 벽에 사방으로 튈 수 있지만, 랩을 씌워서 데우면 음식을 다 가열한 뒤에도 전자레인지 안쪽이 깨끗하게 유지된다.

그런데 문제는 음식에 기름이 많은 경우다. 7장에 나온, 비슷한 종류일수록 쉽게 섞이는 성질을 기억하는가? 기름이 랩과 만나면 랩 안의 가소제 성분이 용출될 수 있는데, 고온의 환경에서는 용출이 더욱 빠르고 쉬워진다. 그래서 점점 더 많은 전

부드러운 PVC 제품일수록 가소제가 많이 첨가돼 있다.

문가가 PVC 랩을 꼭 사용해야 한다면 랩이 음식물에 닿지 않도록 하고, 랩을 살 때는 가소제가 가장 적게 들어간 제품을 고르라고 권고하고 있다.

그런데 DEHP가 특별히 문제가 되는 이유는 발암 가능성 때문이 아니다. 유럽 연합의 위험 평가Risk Assessment 보고서에서는 쥐 실험에서 장기간에 걸쳐 많은 양의 DEHP를 먹여야만 간암을 일으켰다는 결과를 발표한 바 있다. 더욱이 쥐는 사람과 대사 메커니즘도 다르다. 그러므로 DEHP가 암을 일으킨다는 증거는 아직 어디에도 없다. 그러나 **진짜 문제는 DEHP가 '내분비 교란 물질'로도 불리는 '환경 호르몬'에 속한다는 사실이다. DEHP는 인체의 내분비 계통에 영향을 미쳐 생장과 대사, 생식 등의 기능을 방해할 수 있다.**

그러나 실수로 DEHP를 소량 섭취했다 하더라도 타이완 위생복리부 산하 식약시食藥署에서 공표한 '가소제 Q&A'에 따르면, 24~48시간 이내에 소변과 대변을 통해 대부분의 DEHP가 우리 몸에서 빠져나간다고 한다. 일일 섭취 허용량 이하의 적은 양이기만 하다면, 매일 평생 섭취한다 해도 신체에 큰 영향은 없다는 것이다. 그렇다 해도 여전히 가소제에 대한 염려와 불안이 남아 있다면, 가장 좋은 방법은 생활에서 PVC 제품 사용을 최대한 배제하는 것이다.

05

모든 플라스틱 제품에 가소제가 쓰이는 건 아니다

여기까지 읽었다면, 왜 이렇게 PVC가 유독 관심의 초점이 되는 걸까, 의문이 들 수도 있겠다. 왜냐하면, 모든 플라스틱 제품에 가소제가 들어가는 건 아니기 때문이다. 플라스틱의 종류에 따라 소재 자체가 적당히 부드럽다면 가소제가 필요하지 않을 수도 있다.

당장 마트에 가 보면, 특히 가소제 파동 이후 가소제가 들어가지 않은 랩도 판매되고 있는 것을 볼 수 있다. 그런데 그 랩의 성분을 자세히 들여다보면, 우리가 흔히 **PE라고도 부르는 '폴리에틸렌'**이다.

그런데 DEHP가 사용되지 않은 비닐이나 랩은 뜨거운 음식과 닿아도 안진할까? 꼭 그렇다고는 할 수 없다. 비닐을 제조하는 과정에서 DEHP가 아닌 다른 첨가물이 들어갈 수도 있기 때문이다. 뜨거운 음식을 포장하는 데 쓰이는 폴리에틸렌의 내열 온도 범위는 섭씨 70~110도 사이인데, 많은 음식점에서 훠궈火鍋나 뜨거운 탕면, 죽 등을 폴리에틸렌 봉지에 그대로 담아 주는 것을 흔히 볼 수 있다. 한눈에 보아도 70도를 훌쩍 넘길 것 같은 음식들이다.

우리 생활에 흔히 쓰이는 플라스틱 가운데 내열 온도가 가장 높은 재질은 무엇일까?

폴리에틸렌의 내열 온도 범위는 높지 않아서 그 안에 뜨거운 음식을 담으면 첨가제가 용출될 수 있다.

답은 PP, 폴리프로필렌이다. PP를 만져보면 PE보다 훨씬 단단하다는 것을 느낄 수 있다. PP의 내열 온도 범위는 섭씨 100~140도로, 많은 **패스트푸드 점이나 편의점에서 뜨거운 음료를 담아 주는 컵의 뚜껑이 모두 이 폴리프로필렌으로 되어 있다.** 다음번에는 뜨거운 콘 수프나 커피를 마실 때 용기나 뚜껑 상단에 써진 'PP'라는 글씨와 그 아래 온도 범위를 확인해 보라. PE의 내열 온도 범위보다 높을 것이다.

식품 안전은 현재 중대한 관심사이다. 식품 안전을 둘러싼 거대한 환경을 개선하기 위해서는 정부 당국과 업체의 환경 보호 의식과 함께 양심적인 검수와 조사, 적절한 조치의 이행(양심적 사업 포함) 등이 있어야한다. 동시에 소비자 역시 꼼꼼하게 문제를 살펴보고 옳고 그름을 분별하는 한편 품질이 우수한 제품을 선택하고, 해당 업체에 소비자의 요구와 불만을 확실하게 알리려는 노력이 필요하다. 이것은 분명 장기전이 될 수밖에 없겠지만, 생활의 작은 부분부터 실천해 나간다면 모두의 열매로 돌아오게 될 것이다.

화학 플러스

여러 소분자의 중합체 플라스틱

2장에서도 언급했듯이, 어떤 물질의 변화가 화학적 변화인지 아닌지 판별하는 가장 빠르고 간단한 방법은 그 변화 후에 다른 새로운 물질이 생성되었는지 보는 것이다. 화학 반응을 거치는 과정에서는 원자의 배열·조합이 달라지면서 새로운 분자가 만들어지기 때문이다.

플라스틱은 합성 과정에서 원료의 소분자 구조로 인해, 원자가 배열·조합된 후에도 그 생성된 물질이 또다시 원료 소분자와의 반응을 반복할 수 있다. 동종의 분자들과 끊임없이 중복해서 반응할 수도 있고, 2~3종의 서로 다른 소분자들과 번갈아 가며 반응할 수도 있다. 그런 끊임없는 반응의 결과로 분자들은 더욱 길게, 마치 사슬처럼 연쇄적으로 엮여, 부피와 중량 모든 면에서 다른 일반적인 소분자보다 큰 거대 분자가 된다.

이렇게 '사슬을 이루는 반응'이 독특한 것은 대다수의 화학 반응은 이런 특성을 보이지 않기 때문이다. 그래서 이렇게 특수한 분자 구조를 화학에서는 특별히 '중합체' 혹은 '고분자'라고 한다.

중합체란 단순히 물질의 특성을 분류하는 말이며, 플라스틱 또한 여러 중합체 가운데 하나일 뿐이다. 그러므로 중합체와 플라스틱 사이에 반드시 등호(=)가 성립하는 것은 아니다. 육류를 구

성하는 단백질도 일종의 중합체이며 전분, 섬유소, 종이도 마찬가지이기 때문이다.

모든 중합체를 명칭만으로 판별할 수는 없겠지만, 중합물을 뜻하는 영어 명칭 '폴리머polymer'에서 보듯 중합체에 해당하는 물질은 대부분 '폴리-'로 시작한다. 예를 들어, '폴리에틸렌'은 수많은 '에틸렌' 분자의 중복합성으로 이루어져 있다는 것을, '폴리프로필렌'은 '프로필렌' 분자의 중합물이라는 것을 미루어 알 수 있다.

그렇다면 화수분은 '돈'과 '보물'의 중합체…?

PART 9

인사이더와 아웃사이더의 소극장

—'용해도' 랩소디

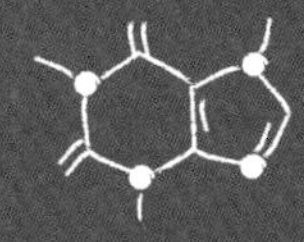

최근 들어 탄산수는 설탕이 들어 있지 않아 체중을 조절하는 데 유리하고, 신진대사도 촉진한다고 해서 인기를 끌고 있는 음료다. 탄산수를 마시는 문화는 해외에서 아시아로 건너와 지속적인 확산세에 있다. 이에 많은 음료 제조업체들이 탄산수 시장에 뛰어들었고, 탄산수 제조기도 점점 인기 있는 가전이 되어 가고 있다. 그러나 이 장에서 다루고자 하는 내용은 탄산수에 어떤 이점이 있는가가 아니라, 기체가 어떻게 물에 녹아 물과 섞일 수 있는가이다.

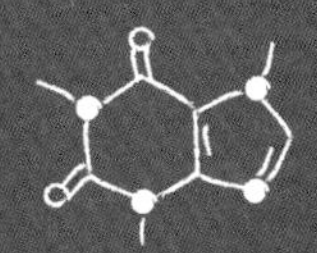

01

방귀도 물에 녹지 않는데, 탄산수는 어떻게 만들어질까?

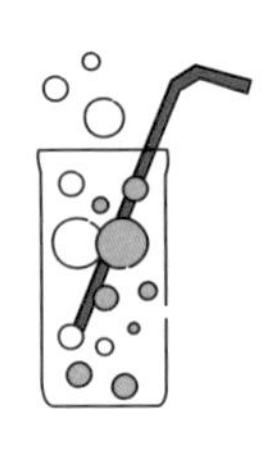

당신도 탄산음료를 좋아하는가? '탄산음료'라고 하면 많은 사람이 콜라나 탄산수를 가장 먼저 떠올린다. 뙤약볕이 내리쬐는 여름, 땀이 비 오듯 흐르는 날이면 차가운 음료의 뚜껑을 따는 순간 들리는 '펑' 소리만으로도 마음이 벌써 청량해진다. 그다음 목을 타고 넘어가는 음료의 시원함이야 더 말할 것도 없다.

그러나 점점 건강과 영양에 대한 사람들의 의식이 높아지면서 단순히 '어떤 음식을 먹느냐'보다 '어떤 성분을 섭취했는가'를 따지기 시작했고, 점점 더 많은 사람이 당분 섭취를 피하게 되었다. 그러자 식품 제조업체들은 사람들이 꺼리는 설탕이나 과당 같은 당분을 없애는 대신 아스파탐, 자일리톨, 소르비톨 등

의 감미료를 첨가하기 시작했다. 그렇다, 바로 이것이 '무가당'이라고 광고하는 껌을 씹는데도 여전히 단맛이 나는 이유다.

당분은 싫어도 단맛은 포기할 수 없었던 사람들에게 당분을 대체하는 감미료의 존재는 한 줄기 빛과 같은 소식이었다. 특히 탄산음료 마니아들에게 제로 콜라는 기존 콜라의 청량감까지도 그대로 느낄 수 있는 놀라운 선물이었다(비록 맛은 원래의 콜라가 더 좋다 하더라도). 그러나 다른 한편에는 의문을 품는 사람들도 존재했다. 이렇게 단맛이 나는데 설탕은 없다… 그게 과연 몸에 좋을까? 그래서 이들은 탄산만 추구하고 단맛은 포기하기로 했다. **탄산수**는 이렇게 해서 시장에 등장하게 되었다.

그런데 탄산수는 어떻게 만드는 걸까?

기체와 물의 관계에 대해 생각해 보게 하는 다소 민망한 비유가 하나 있다.

당신도 수영장에서 수영하던 중 방귀를 뀌어 본 적 있는가? 물속에서 방귀를 뀌면 엉덩이에서 빠져나온 방귀가 '뽀로록' 하고 물 위로 올라가 수면 밖에서 흩어진다. 기체가 물속에서는 흩어지지 않고 층층이 물을 뚫고 올라와 물 밖에서야 흩어졌다는 것은, 방귀가 물에서는 전혀 녹지 않았다는 뜻이다. 이것은 누군가

'방귀 탄산수' 같은 물건을 한 번쯤 만들어 보고 싶어도 불가능하다는 뜻이기도 하다.

사실상 대부분의 기체가 마찬가지다.
기체는 물에 잘 용해되지 않는다.

'용해'라는 것은 학창 시절의 조별 과제와 비슷한 구석이 있다. 과제물만 제출하든 발표까지 하든, 보통은 선생님이 학생들에게 조까지 정해 주지는 않는다. 그럼 학생들은 대개 자신이 좋아하는 평소 친했던 친구들과 한 조가 되려고 한다. 극성이 비슷할수록 물질이 잘 섞이는 것처럼 활달한 아이들은 자신처럼 적극적이고 표현 욕구가 강한 아이들과 한 조가 되려 하고, 차분한 아이들도 자신과 성향이 비슷한 아이들과 한 조가 되려고 한다. 분자도 사람과 마찬가지로 극성이 서로 비슷한 분자들끼리 어울리려는 경향이 있다.

기체가 물에 잘 녹지 않는 것처럼, 기체와 물의 관계는 반에서 성향이 정반대인 두 아이의 그룹과 비슷하다. 그러므로 모터 펌프로 미친 듯이 공기를 물속에 주입한다 해도, 당신이 친구의 음료에 빨대를 꽂고 숨을 불어넣을 때처럼 '뽀로록' 하고 공기만 위로 빠져나올 뿐 탄산수처럼 공기가 물속에 충분히 녹아들

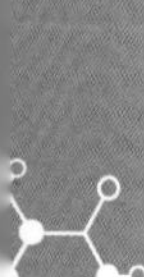

기체와 물은 한 반에서 완전히 성향이 다른 두 아이의 그룹과 비슷하다.

지는 않는다. (그렇다고 모든 공기가 물에 잘 녹지 않는 것은 아니다. 암모니아와 염화 수소처럼 물에 잘 녹는 기체도 있다. 암모니아가 용해된 물은 '암모니아수', 염화 수소가 용해된 물은 '염산'이라고 한다.)

자 그럼, 여기서 문제. 기체가 그토록 물에 녹기 어렵다면 사이다나 콜라, 탄산수에는 어떻게 기체를 가두어 놓을 수 있었던 걸까? 콜라나 사이다 안에 들어 있는 기포는 이산화 탄소다. 이산화 탄소는 아주 약간 물에 녹을 수도 있지만, 대개는 물속에서 뀐 방귀처럼 '뽀로록' 하고 물 밖으로 빠져나가려는 성질이 더 강하다. 다음 장에서는 그런 이산화 탄소를 어떻게 탄산음료 속에 녹아들게 할 수 있는지 알아보기로 하자.

02

고압으로 물과 이산화 탄소를 쌓아 올리는 것

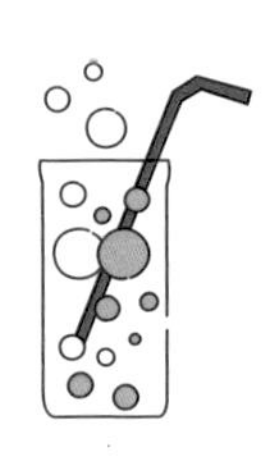

물은 많은 종류의 물질을 녹일 수 있는 **만능 용제**이지만, 물과 이산화 탄소는 극성의 차이가 커서 서로 섞이기가 대단히 힘들다. 따라서 외부의 어떤 수단을 통해 이산화 탄소를 '억지로' 밀어 넣어야만 물과 하나로 섞일 수 있다.

조별 과제를 할 때 가장 난감한 이들은 어느 조에도 들어가지 못한 채 외따로 떨어져 있는 몇 명의 아이들이다. 더욱이 그들 중 하나가 나일 때는 서로를 바라보며 흐르는 시간이 숨 막힐 듯 길게 느껴진다. 이런 경우에 선생님은 어떻게 했는지 기억을 떠올려 보자.

조를 못 이룬 학생이 한두 명일 때는 다른 조에도 의견을 물어 한 명씩 원하는 조에 들어갈 수 있지만, 남은 학생의 수가 딱

한 조를 구성할 만한 인원이면 그대로 한 조로 묶어 버리지 않던가!

이렇게 만들어진 조는 서로 너무나 어색하고 조화를 이루기 어려울 수밖에 없다. 그 반의 인사이더부터 아웃사이더까지, 별로 친하지도 않고 성향도 다른 아이들을 그저 교사의 권위만으로 한 조로 묶어 놓았으니 말이다. 물과 이산화 탄소는 이렇게 '교사의 권위'에 해당하는 외부 요소가 있어야만 하나로 뭉칠 수 있다. 문제는 어떻게 그렇게 할 것인가이다. 교실에서는 선생님이 그렇게 할 수 있었다. 그렇다면 자연계에서는 어디로 가야 그런 '선생님'을 구할 수 있을까?

18세기의 과학자 윌리엄 헨리William Henry(1775~1836)가 바로 그런 '선생님'을 찾아냈다. 물과 이산화 탄소를 억지로나마 한데 섞이게 할 방법, 바로 **기체 가압**이었다.

가압이란 무엇인가? 금속 바늘이 없는 주사기를 구해 손가락으로 사출구를 막고, 다른 쪽 손으로 힘을 주어 주사기의 밀대를 쭉 밀어 보자. 미는 힘이 커질수록 그 힘에 저항하는 힘도 크게 느껴져, 아무리 온 힘을 다해 주사기를 밀어도 주사기를 끝까지 밀 수 없을 것이다. 마치 주사기 안의 '누군가'가 있는 힘을 다해 당신을 막아 내기라도 하는 것처럼. 기체가 눌리는데도 배출될 곳을 찾지 못하면 내부 압력은 점점 커지고, 내부 압력이 커질수록 저항력도 높아져 아무리 세게 힘을 줘도 더는 계속 밀어낼 수 없게 된다. 이것이 바로 가압의 과정이다.

헨리는 더 많은 이산화 탄소를 물속으로 밀어 넣으려면 이 방법밖에 없다고 생각했다.

큰 압력을 가해서 이산화 탄소를 물에 용해시키는 것. 이것이 바로 지금의 사이다, 탄산수를 만드는 기본 원리이다.

압력을 가해 억지로 이산화 탄소를 물에 녹여 만드는 콜라.

뚜껑이 열리는 순간, 콜라 안에 갇혀 있던 이산화 탄소는 즉각 '탈출'해 버린다.

그러나 이렇게 **억지로 잠시 섞이게 한 결과가 영원히 아름답게 이어질 리 만무하다.** 콜라의 뚜껑을 따면, 안에 빽빽이 차 있던 기포가 한꺼번에 터져 나오는 것을 누구나 한 번쯤 경험해 보았을 것이다. 때로는 그 기체와 함께 콜라까지도 분출되어 두 손을 다 적시기도 한다. 콜라도 탄산수와 마찬가지로 제조 공장에서 기계로 가압하여 물에 이산화 탄소를 녹이고, 녹인 이산화 탄소가 빠져나가지 못하도록 뚜껑으로 구멍만 막아 놓은 상태이기 때문이다.

그러나 **일단 뚜껑이 열리면 병 안의 압력이 순간적으로 낮아지**

면서 콜라 안에 녹아 있던 이산화 탄소가 빠져나와 즉각 '탈출'해 버린다. 기체는 최대한 빨리, 멀리 가려고 하는데 병의 입구는 좁아서 콜라가 분수처럼 솟구치는 것이다.

탄산음료는 뚜껑을 열었으면 최대한 빨리 마시고 다시 닫아야 하는 이유가 여기에 있다. 뚜껑을 연 채로 시간이 흐르면, 이산화 탄소는 모두 빠져나가 흩어져 버리고 달짝지근한 음료만 남기 때문이다!

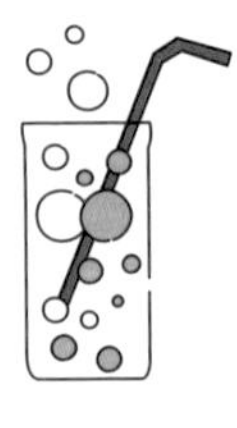

탄산수 제조기로 보는 가압

많은 업체에서 탄산수의 시장 전망이 밝다고 보고 탄산수 제조기도 잇달아 출시하고 있다. 그런데 소비자들은 탄산수 제조기를 살 때 이산화 탄소 통도 같이 구매해야 한다. 이산화 탄소 통에 든 것은 고압의 이산화 탄소다. 이산화 탄소 통의 실린더를 탄산수 제조기에 끼우고 기체 주입 버튼을 누르면, 고압으로 제조기 안의 물속으로 이산화 탄소를 '밀어 넣으'면서 탄산수가 만들어진다.

이렇게 기포 가득한 물을 보면 당장은 기분이 좋을지 모르지만, 이산화 탄소 통에는 수명이 있다. 처음에는 이산화 탄소의 양도 많고 기체를 주입하는 힘도 강하지만, 시간이 흐를수록 통 안의 이산화 탄소도 조금씩 소모되고 기체를 주입하는 압력도 점차 약해진다. 그러다가 더 이상 기체가 주입되지 않으면 새로운 이산화 탄소 통으로 교체해야 한다. 그러므로 탄산수 제조기를 구매할 의향이 있다면 제조기 자체의 가격만 생각해서는 안 되고, 자신이 얼마나 자주 탄산수를 만들어 마실지 가늠해 본 뒤 이산화 탄소 통을 교체하는 빈도도 고려해야 한다.

하지만 위장이 약한 사람은 탄산수를
너무 자주 마시지 말기를….

03

사이다를 마시면 나오는 트림은 용해도 때문?

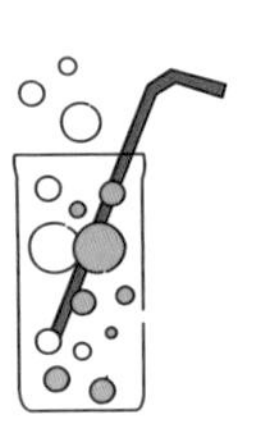

그런데 탄산음료는 왜 다들 차갑게 해서 마시는 걸까? 상온의 탄산음료를 마시는 사람도 아주 가끔 존재하지만, 콜라나 사이다를 따뜻하게 데워 마시는 사람은 한 명도 본 적이 없다. 데운 맥주나 콜라, 사이다, 샴페인이 어떤 맛인가는 둘째 치고, 왜 아무도 그렇게는 마시고 싶어 하지 않는 걸까? 탄산음료는 따뜻해지면 기포가 모두 없어져, 탄산음료 특유의 매력이 사라지기 때문이다.

어째서 탄산음료를 가열하면 이산화 탄소가 모두 없어지는 걸까?

답을 얻기 위해서는 먼저 **'용해'에 대해 이해할 필요가 있다. 기체든, 소금이든, 인스턴트커피든, 그것이 물에 녹기 위해서는 물의 온도가 절대적으로 중요하다.**

물 한 그릇에 설탕을 한 꼬집 넣고 설탕이 녹기 시작할 때 조금만 저어 주면 설탕은 금방 다 녹는다. 그러나 거기서 설탕을 더, 더, 더 많이 넣으면 아무리 저어도 녹지 않고 바닥에 가라앉는 설탕이 생긴다. 물이 녹일 수 있는 설탕의 양을 초과했기 때문이다. **물이 녹일 수 있는 설탕량의 최대치, 이를 과학에서는 '용해도'라 한다.**

그런데 이 용해도는 절대 불변하는 고정치가 아니다. 바닥에 설탕이 가라앉아 있는 그릇에 열을 가하면, 온도가 점차 올라감

우리 몸 안에서 온도가 상승할수록 기체의 용해도는 낮아진다.

에 따라 바닥에 가라앉아 있던 설탕도 녹기 시작한다. **물의 온도가 높아질수록 물에 대한 설탕의 용해도도 증가하는 것이다.**

그러나 물의 온도가 상승한다고 해서 모든 물질의 용해도가 증가하는 것은 아니다. 기체가 그 대표적인 예다. **물의 온도가 높아질수록 물에 용해되는 기체의 양은 오히려 줄어든다.** 이것은 우리가 탄산음료를 마실 때 트림을 하게 되는 이유이기도 하다.

우리 몸의 체온은 37도 전후로, 차가운 콜라에 비해 한참 높다. 그러므로 우리가 차가운 콜라를 마시면 콜라가 구강과 식도를 타고 내려가는 과정에서 우리 몸이 콜라에 열을 가하게 되고, 콜라에 녹아 있던 이산화 탄소는 콜라에서 빠져나와 다시 식도와 구강을 타고 올라오게 된다. 그래서 '꺽'하고 트림을 하게 되는 것이다.

물고기를 키워 본 경험이 있다면, 어항의 물을 갈 때 한 번이라도 끓였던 물을 넣으면 안 된다는 사실을 잘 알 것이다. 고온에서 물을 끓이면 염소 화합물과 트라이할로메테인trihalomethane 등 여러 가지 물질이 물 밖으로 날아가 버린다. 문제는 불순물만 날아가는 것이 아니라 물고기의 생존에 필요한 산소도 날아간다는 사실이다. 이렇게 한 번 끓인 물을 어항에 넣으면, 물고기는 산소 부족으로 질식해서 배를 뒤집고 죽게 된다.

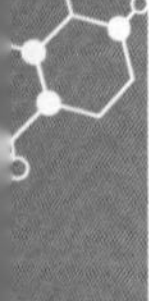

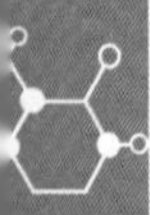

04

이산화 탄소들이 탈출한다!
핵 생성 사이트로 집합!

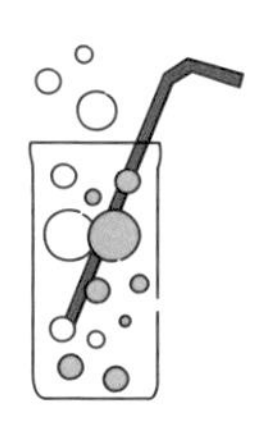

이산화 탄소를 탄산수 밖으로 내쫓아 버리고 싶다면, 앞에 나온 가열 외에 한 가지 방법이 더 있다. 당신도 가염 사르사Sarsae[콜라와 비슷해 보이지만 맛은 전혀 다른 중화권 탄산음료]를 마셔 본 적이 있는가? 미리 소금이 뿌려져 있는 사르사 말고, 사르사를 사서 집에서 소금을 뿌린 것. 만약 그렇게 해 보았다면 소금을 뿌린 뒤의 변화도 아주 인상 깊게 보았을 것이다. **소금을 한 티스푼씩 넣을 때마다 음료에 빽빽이 차 있던 기포가 위로 솟구쳐 올라온다.** 이것은 소금을 넣는 순간, 이산화 탄소들이 집결하기 좋은 **핵 생성 사이트**nucleation site를 제공하기 때문이다. 이게 무슨 말인가?

이제 막 뚜껑을 딴 탄산음료는 거품이 상당히 왕성하게 활동한다. 그런데 자세히 관찰해 보면, 음료 전체에서 기포가 고르게 생성되는 게 아니라, 주로 용기의 벽 쪽에서 **자라는** 것이 보인다.

사실 이산화 탄소는 물에서 탈출할 때 물 분자 사이의 인력을 극복해야만 한다. 기포가 생성되기 위해서는 일정 공간이 필요하므로 이산화 탄소는 기포 주위의 물 분자들을 '밀어내려'고 한다. 이때 물 분자 사이의 인력은 이산화 탄소에게 일종의 감옥과 같다. 이산화 탄소의 혼자 힘만으로는 이런 물 분자 '감옥'을 밀어내고 기포를 형성하기 어렵다.

이때 우리는 이산화 탄소들의 '인정미'를 보게 된다. 백지장도 맞들면 낫다고, 어딘가 좋은 자리가 생기면 거기로 다 같이 모여 힘을 합친 뒤 함께 날아오르는 것이다! 바로 이 장면이 우리 눈에는 거품이 자라나면서 위로 올라가는 것으로 보인다. 하지만 병 안에 흩어져 있는 이산화 탄소들에게 메신저가 있는 것도 아니고 대체 어떻게, 어디서 모이기로 약속할 수 있단 말인가? 그래서 우리가 이산화 탄소를 대신해 세우는 '표지판'이 바로 '핵 생성 사이트'다.

핵 생성 사이트가 이산화 탄소에게 의미하는 것은

여기로 모여서 힘을 합치면, 다 같이 물 밖으로

소금 한 티스푼은 이산화 탄소들에게 사르사 밖으로의
탈출을 도모할 수 있게 하는 핵 생성 사이트를 제공한다.

탈출할 수 있다!는 메시지다.

그런데 무엇이 핵 생성 사이트가 될까? 일반적으로 **거칠고 고르지 못한 고체의 표면이 최적의 장소**가 된다. 여기서 고르지 못한 표면이라는 것은 우리 인간은 의식하지 못하는 정도의 크기로, 그릇 내벽의 살짝 긁힌 상처도 핵 생성 사이트가 될 수 있다. **페트병의 내벽이나 당신의 손가락, 가염 사르사**도 마찬가지다. 특히 **소금**은 이산화 탄소들이 하나로 모이기에 너무나 좋은 장소다.

최근 여러 영상 사이트에서 화제가 된 **멘토스 분출**도 마찬가지다. 멘토스의 오톨도톨한 표면은 이산화 탄소가 탄산음료에서 빠져나올 수 있도록 돕는다. 갓 뚜껑을 연 탄산음료에 멘토스를 넣으면, 병 안에 있던 음료가 몇 미터까지도 뻗어 나간다!

병을 흔들어도 같은 효과를 낼 수 있다. 병을 흔듦으로써 음료 안의 기체들이 뭉쳐 기포를 형성할 수 있게 하기 때문이다. 병을 흔드는 과정에서 이산화 탄소들은 여기저기 흩어져 있던 친구들과 만나 함께 모여 있다가 뚜껑이 열리는 순간, 실 풀린 연이나 고삐 풀린 말처럼 응축된 힘으로 뛰쳐나간다!

화학의 역사에는 처음의 단순한 발견이 나중에 가서 전혀 예상치 못한 응용으로 이어지는 경우가 많다. 18세기 가압을 통해 기체를 물에 용해시키는 법을 발견한 과학자 윌리엄 헨리도, 자신의 작은 발견이 먼 미래에 이토록 널리 사랑받는 음료의 제조 원리가 되리라고는 꿈에도 생각지 못했을 것이다.

물에 잘 녹지 않는 기체의 용해량은
그 기체에 가해지는 압력에 정비례한다.
과학에서는 이를 '헨리 법칙'이라고 한다.

그러니 앞으로 뜨거운 여름이면 차가운 탄산음료를 입에 가져다 대기 전, '칙' 소리를 내는 기포의 청량감을 느낄 때마다 윌리엄 헨리의 이름도 기억하도록 하자. 그의 놀라운 발견이 오늘날 탄산음료 애호가들의 삶을 통째로 바꾸어 놓았다 해도 과언이 아니니!

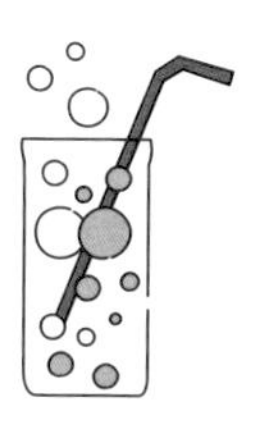

PART 10

압력에 저항할 수 없다고 말하지 마라!

—어디에나 존재하는 '압력'

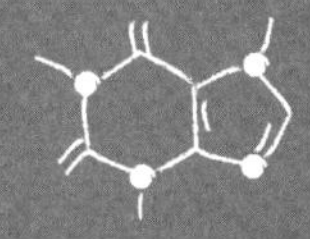

혹시 무슨 '압박'감을 느끼고 있나요?
"아이고, 말도 마세요."
가만히 미소를 띠고 있던 사람도 '압박'이라는 말을 듣는 순간, 근심 어린 표정으로 인생의 걱정거리를 늘어놓기 시작한다.
"요즘 불경기라 회사가 언제 문을 닫을지 불안불안해요. 당장은 꾸역꾸역 다니고 있지만, 말년에 연금이나 제대로 받을 수 있을지…."
"친구, 난 아무런 압박감 없이 소파에만 널브러져 있고 싶다네."
우리네 삶이 이리도 압박과 떨어질 수 없다니. 그렇다. 우리는 세상을 살아가는 한, 우리를 누르는 힘에서 자유로울 수 없다. 일의 압박, 시험의 압박, 금전의 압박, 주거비의 압박, 배우자의 압박… 그리고 어딜 가나 우리를 계속해서 따라다니는 또 하나의 압박이 있으니, 바로 대기 압력이 그것이다.

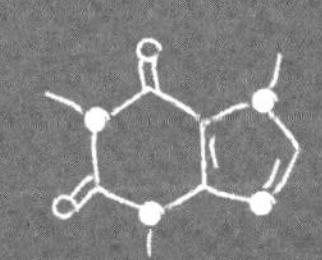

01

우리는 매분 매초 공기에 둘러싸여 두들겨 맞는다

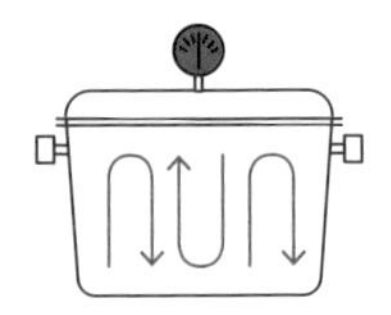

아마도 의식하지 못하겠지만, 우리는 이미 대기 압력의 압박감에 익숙해져 있다. 지금 이 책을 읽고 있는 당신도 3층 건물 높이(약 10m)의 물기둥 무게를 온몸으로 견뎌 내고 있다.

단지 육안의 한계로 인해 공기가 우리에게 무슨 일을 하고 있는지 보지 못하는 것일 뿐, 지금도 우리 주위의 공기는 매우 바쁘게 움직이고 있다. 공기 분자들은 가벼워서 이곳저곳으로 끊임없이 날아다닌다.

그러나 그렇다고 해서 공기가 지구 밖으로 날아가 버리지는 않을까 염려할 필요는 없다. **지구의 중력**이 천방지축 공기 분자들을 지표면에서 멀리 떨어지지 않도록 잘 붙들어 두고 있으니. 그렇더라도 이 사실 하나만은 꼭 기억해야 한다. **지표면에서 멀**

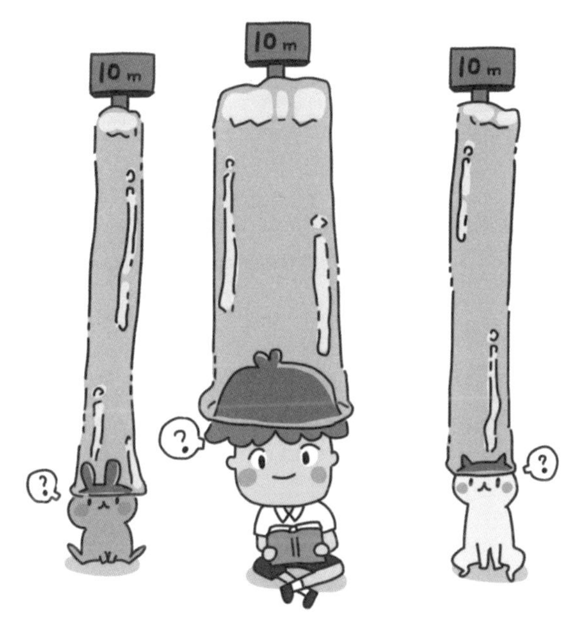

우리는 평소 3층 건물 높이의 물기둥 무게를 온몸으로 견뎌 내고 있다.

어질수록 지구의 중력이 약해져 공기에 대한 구속력도 낮아진다는 것. 이것은 고산일수록 공기가 희박해지는 원인이기도 하다.

만약 한 무더기의 공기 분자들이 날벌레처럼 마구 날아다니고 있다면, 공기 분자들끼리도 서로 부딪히거니와 당신 몸에도 끊임없이 부딪히고 있다는 뜻이 된다. 이것은 볼풀장 한가운데에 있는 당신에게 주위 아이들이 **사방팔방에서 미친 듯이 공을 던지고 있는** 상황과 비슷하다. 당신은 어디로 숨더라도 공을 안 맞을 방법이 없다. 이런 전방위적인 공격 앞에서 인간이 취할 수 있는 신대은 두 가지뿐이다. 몸을 둥글게 말아 공에 맞을 면적을 축소하거나, 아예 땅바닥에 드러누워 공의 공격에 개의치 않거나.

위의 비유는 **대기 압력의 형성**을 설명하기 위한 하나의 예다. 공기가 끊임없이 물체의 표면에(당신에게도) 부딪히는 것이 바로 대기 압력을 만들어 내는 원인이다. 원래대로라면 인간은 사방팔방에서 공이 날아오는 것 같은, 3층 건물 높이의 물기둥 무게와도 맞먹는 이런 거대한 압력 때문에 납작해졌어야 맞다.

우리 몸은 외부의 대기 압력에 대항하기에 충분한 내부 압력을 갖추고 있다.

왜 우리는 의식하지 못하는 사이에 이런 힘에 잘 대항하고 있는 걸까?

우리 몸에는 대기 압력에 상당하는 내부 압력이 존재하여 외부 압력과 평형을 이루고 있기 때문이다. 손가락으로 티슈 한가운데를 힘주어 찌르면 구멍이 나겠지만, 티슈의 반대편 가운데에도 손가락을 맞대고 힘을 주면 구멍이 나지 않는 것과 같다. 우리 몸의 내부 압력은 바로 이렇게, 거대한 대기 압력에 맞서는 힘이다.

우리는 구체적으로 어떤 상황에서 대기 압력의 존재를 느끼게 될까? 당신도 타이베이에 있는 101 빌딩의 고속 엘리베이터에 탑승해 본 적 있는가? 엘리베이터가 아주 빠른 속도로 위로 올라갈 때 귀 내부에 약간의 압박감이 느껴지면서 귀 안에 막이 덮이는 듯한 소리가 들린다. 그런데 바로 그때, 침을 삼키면 귀 내부의 압박감에 순간적으로 해소된다. 이런 특이한 변화는 비행기를 탈 때도 느낄 수 있다. 그런데 이런 느낌은 왜 생기는 걸까? 앞에서, 고도가 높아질수록 공기는 희박해진다고 했다. 공기의 수량이 적어지면 공기가 우리 몸에 부딪히는 빈도가 줄어들어 대기 압력도 줄어든다. 그렇게 외부의 대기 압력은 낮아졌는데 우리 몸의 내부 압력은 그대로다. 이렇게 신체 내외부의

빠르게 위로 올라가는 엘리베이터에 탑승하면,
우리 몸의 내부는 외부와 압력 불균형 상태가 된다.

압력이 불균형한 상황에서, 안에서 밖으로 향하는 힘이 고막을 지탱해서 불편감을 느끼게 되는 것이다. **침을 삼키는 동작은 신체 내외부의 공기를 통하게 만들어 내부의 과잉 압력을 배출, 압력 평형을 회복하게 한다.**

앞에서, 기체가 압력을 만들어 내는 원인은 기체 입자가 물체의 표면에 끊임없이 부딪히기 때문이라고 했다. 그렇다면 고체와 액체는 어떻게 압력을 만들어 내는 것일까?

02

블로브피시로 보는 무시무시한 '압력 불균형'

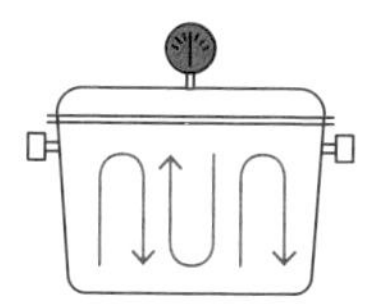

기체가 끊임없이 물체의 표면에 부딪히는 것과 달리, 일상에서 고체와 액체의 압력을 느낄 수 있는 이유는 지구의 중력 때문이다. 지구상의 모든 물체는 중력의 영향을 받아 **아래로 떨어지려는 힘**이 있다. 그 힘이 당신을 누르면 압력의 존재를 구체적으로 느낄 수 있다.

그러므로 소파에 널브러지고 싶다던 그 친구는 마음을 고쳐먹어야 한다. 이 세상에 압박감 없이 살아가는 존재는 없다. 더욱이 누가 이 세상에서 가장 큰 압박을 받고 사는가를 비교한다면, 그 누구도 '블로브피시Blobfish'를 따를 수 없을 것이다.

블로브피시는 심해에 사는 물고기다. 이 물고기의 이름을 들어 본 사람은 많지 않겠지만, 인터넷에서 사진을 검색해서 이 물고기의 우는 듯한 표정과 뭉개진 코, 일그러진 전신을 보고 나면, 못생겼는데 왠지 귀엽다는 느낌이 들 것이다.

블로브피시는 심해어이니 당연히 심해에서 주로 생활한다 (약 수심 600~1,200m 영역). 그런데 이 물고기가 인간에게 발견된 이유는 심해에서 조업하던 어선의 그물에 걸려 육지까지 올라오게 되었기 때문이다. 사람들은 이 물고기의 못생긴 외모를 보고 비웃기 쉽지만, 블로브피시라고 그렇게 생기고 싶어서 생긴 게 아니다. 이 모든 게 다 급격한 **압력 강하** 때문이다.

수압이 달라지니 블로브피시의 외모에도 변화가 생겼다.

수심 10m를 1기압으로 환산해 보면, 600~1,200m의 심해에서 생활하는 블로브피시가 받는 압력은 우리가 일상에서 경험하는 압력의 60~120배에 달한다!

심해어류는 심해의 높은 압력에 적응하기 위한 압력 저항을 갖추고 있다. 심해에서 수중 촬영된 영상을 보면, **해저에서의 블로브피시는 다른 물고기들과 별반 다를 바 없는 평범한 외모를 하고 있다.** 그러나 그물에 걸려 육지로 올라오면 외부 환경의 압력이 갑자기 낮아져, 마치 물을 채운 공처럼 물컹거리는 살로만 온몸을 지탱하고 있는 무척추동물처럼 보인다. 도저히 정상적이라고는 보이지 않는 이런 외모 때문에, 사람들은 블로브피시를 '가장 못생긴 동물'로 선정했지만, 사실 블로브피시는 아무 죄가 없다.

입장을 바꿔서 생각해 보자. 만약 사람이 압력을 조절할 수 없는 상태에서 갑자기 심해의 바닥으로 내려가면 어떻게 될까? 타이베이 101 빌딩 높이의 물기둥 두 개가 몸을 누르는 듯한 압박감을 느끼게 될 것이다. 그럼 우리 몸에서는 어떤 변화가 일어날지 상상도 잘 안 되지만, 블로브피시에게는 그런 환경이 당연한 일상인 것이다. 잠수부들이 육지에서 심해로 내려갈 때와 심해에서 육지로 올라올 때 모두 완만한 압력 조절 과정을 거쳐야 하는 것도 이 때문이다. 적절한 압력 조절이 없이 심해를 오르내리면 '감압증'이 생길 수 있다. 그래서 이 병은 '잠수병'이라고도 불린다.

감압증은 왜 생기는 걸까?

앞에서 우리는 **압력이 커질수록 기체가 더 많이 용해되는** 헨리 법칙에 대해 배웠다. 이 말은, 압력이 높았다가 낮아질 때는 탄산음료의 뚜껑을 막 열었을 때처럼 액체 안에 용해되어 있는 기체가 밖으로 빠져나올 수 있다는 말과 같다. 잠수부가 해저에서 뭍으로 올라올 때 감압 과정을 거치지 않고 급격히 올라오면, 해저의 고압 환경에서 체액에 용해되어 있던 질소가 기포로 변하면서 밖으로 빠져나올 수 있다. 이 기포는 체내에서 단시간에 바로 없어지지 않기 때문에 **가려움증, 발진, 관절통을 일으킬 수 있고 심하면 사망에 이를 수도 있다.**

이런 증상을 잠수병이라고 부른다고 해서 잠수부에게만 이런 위험이 있는 것은 아니다!

'감압증'이라는 병명이 암시하듯, 우리 몸을 둘러싼 압력이 급격히 변화하면 그 변화한 압력과도 평화롭게 공존할 방법을 찾아야 한다. 사실 비행기가 상승하면서 고도가 높아질 때도 기압은 급격히 낮아진다. 원래대로라면 모든 승객에게 감압증이 생겨야 하지만, 다행히 비행기 안에는 가압실이 설치되어 있어 기내의 기압을 최대한 지표면의 기압과 가깝게 유지해 준다. 덕분에 승객들은 괴로운 감압증에 시달리지 않고도 안락하게 항공 여행을 다닐 수 있다.

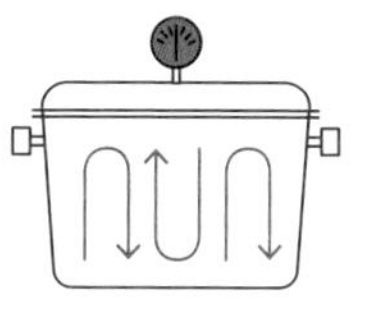

03

빨대의 압력으로도 변화하는 녹는점

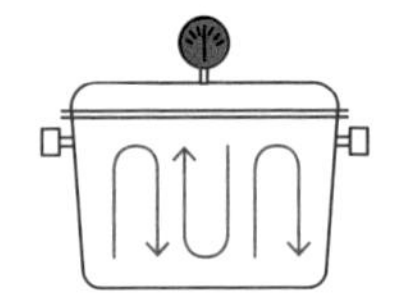

심해에서 살아가는 블로브피시의 높은 압력 저항에서도 알 수 있듯이, 외부의 환경에 적응하고 위험을 극복해 나가는 생명체의 능력은 그야말로 놀라움 그 자체다. 우리는 압력을 통해 생명의 강인함도 엿볼 수 있지만, 무생물 역시 외부 압력의 변화에 대응한다는 법칙을 발견할 수 있다.

'녹는점'과 '끓는점'이라는 물리적 성질은 우리의 일상과도 밀접한 관련이 있다. 얼음에 열을 가하면, 영하의 저온에서 녹는점까지 온도가 상승하면서 얼음이 녹아 물이 된다. 다시 계속 열을 가하면, 끓는점까지 온도가 상승해서 물이 끓다가 수증기로 변해 공기 중으로 흩어진다.

우리는 물의 녹는점이 섭씨 0도, 물의 끓는점은 섭씨 100도

라고 알고 있다. 마치 이 두 숫자가 영원히 불변하는 진리이기라도 한 것처럼 여긴다. 그러나 이것은 어디까지나 우리가 평소 생활하는 환경이 거의 항상 1기압이기 때문이다. 다시 말해서, **물질의 녹는점과 끓는점은 외부 압력의 변화에 따라 달라진다.**

외부의 압력이 커질수록 대다수 물질은 녹는점이 올라간다. 더 녹기 어려워진다는 말과 같다. 하지만 물은 다른 여러 물질과 달리,

외부의 압력이 높아질수록 녹는점이 낮아진다.
이 말은, 얼음에 압력을 가하면
더 녹기 쉬워진다는 말과 같다!

패스트푸드 점에 가서 얼음을 추가한 음료를 주문할 일이 있거든 빨대로 음료를 다 마신 뒤 얼음만 남겨 보자. 이때 빨대 끝을 얼음 위에 붙이고 그대로 힘을 주어 꾹 눌러 보라. 처음부터 힘을 세게 주지 말고 조금씩 천천히 힘을 주는 것이 좋다. 마지막에 가서 힘을 최대한 세게 주면서 빨대를 '꾹' 누른다. 그다음 천천히 힘을 빼면서 빨대를 들어 올려 보라.

어, 얼음이 빨대에 '붙어'서 같이 올라오네?

복빙 현상.

이것이 그 유명한 **복빙**復氷 **현상**이다. 얼음 위에 빨대를 대고 압력을 가하면 빨대에 눌린 부분은 녹는점이 낮아져 금방 물이 되고, 빨대는 얼음에 좀 더 깊이 들어가게 된다. 이때 손에서 조금씩 힘을 빼면 빨대 주위의 얼음은 압력이 낮아져 녹는점이 상승하고, 잠시 녹았던 물은 다시 얼음이 된다. 그런데 이 결빙 부분이 빨대를 에워싸고 있다 보니, 얼음이 빨대에 '붙은' 것처럼 보이는 것이다!

04

증발과 비등의 차이

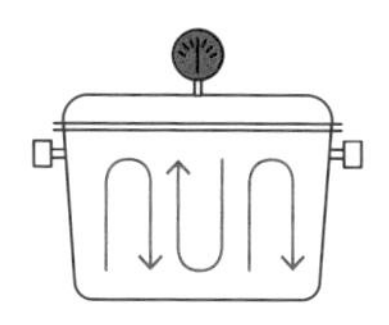

이제 끓는점에 대해 알아보자! 그런데 끓는점과 외부 압력의 관계를 알아보기 전에, 먼저 '증발'이라는 중요한 물리 현상을 이해할 필요가 있다.

물을 끓는점에 도달할 때까지 가열하면, 물은 끓어올라 수증기로 변한다. 하지만 꼭 끓는점까지 도달해야만 기체로 변하는 것은 아니다. 만약 물이 그렇게 '완고'한 것이었다면, 우리는 물기를 제거하거나 **머리카락만 말리기 위해서도 두피를 '삶아야' 할지 모른다!**

이론적으로는 액체가 끓는점에 도달하면 신속하게 기체로 변한다고 하지만, 실은 **온도가 끓는점에 도달하기 전에도 액체는 이미 기화되고 있다**(이것이 '증발'). 더욱이 **기화의 속도는 온도가 높아질수록 더욱 빨라진다**(역시 머리카락은 열풍으로 말려야). 그러므로 머리카락을 말리기 위해 꼭 두피까지 삶아야 할 필요는 없다.

우리가 육안으로 볼 수 있는 분자의 상황만 관찰한다면, 물질이 끓어오른다는 것은 전군全軍 동원 체제와 비슷하다. 온도가 상승하는 과정에서 액체 분자들은 들썩들썩 움직이면서 기체로 변할 준비를 시작한다. 이는 물이 팔팔 끓을 때 **보글보글 거품이 올라오는** 원인이기도 하다.

증발과 비등沸騰(끓어오름) 사이에는 엄청난 차이가 존재한다. 우리가 보통 젖은 물건을 말릴 때에는 표면에 '보글보글' 거품이 올라오는 것을 볼 수 없다. 증발은 단지 표층의 물이 기체로 변하는 현상이다. 이렇게 표면의 분자들만 날아가는 과정이기 때문에 증발은 비등보다 완만하고 온화하다.

액체는 온도가 끓는점에 도달하기 전에도
증발을 통해 완만하게 기체로 변할 수 있다.
증발과 비등의 차이는 기화의 속도가 느린가,
빠른가이다.

증발 속도는 온도와도 관련이 있지만, 액체 자체가 어떤 물질인가와도 관련이 있다. 예를 들어, 알코올은 손에 묻혀 비비기만 해도 열이 나면서 빠르게 기화되어 공기 중으로 흩어지지만, 물은 그런 방법으로 쉽게 기화되지 않는다.

더욱이 밀폐된 공간의 액체는 무제한으로 증발할 수도 없다! 마시다 남긴 생수병을 책상 위에 둔 채 하룻밤이 지난 적이 있는가? 하루 지난 생수병 내벽에는 물방울이 많이 맺혀 있는 것을 보게 된다. 어째서 생수병을 닫아 놨는데도 '수증기'가 생겨 물방울이 맺히는 걸까?

물과 수증기의 변화 관계는 편도 열차가 아니다. **물도 수증기가 될 수 있고, 수증기도 언제든지 액상의 물로 변할 수 있다**(이것이 응결). 다만 증발과 응결은 속도가 같지 않기 때문에 그 둘이 경

온도가 높아질수록 물의 증발도 빨라진다.

쟁한 결과가 당신이 최종적으로 보게 되는 현상을 결정한다.

뚜껑을 닫던 그 순간에도 물은 끊임없이 증발하고 있었다. 다만 처음에는 수증기의 양이 많지도 않고 물의 증발 속도가 수증기의 응결 속도보다 빠르다 보니, 병 안에서는 아무런 변화도 일어나지 않는 것처럼 보인 것이다. 또 우리 눈으로는 수증기를 잘 볼 수 없기도 하다. 그러나 증발이 진행될수록 수증기는 많아지고 응결 속도도 점점 빨라진다. 그러다 수증기의 양이 일정 정도를 넘어서고 응결 속도도 증발 속도만큼 빨라지면, 마침내 육안으로도 생수병 내벽에 맺힌 물방울들을 보게 되는 것이다! 즉 수증기가 아무리 많아진다고 해도, 다시 응결하여 액상의 물이 될 뿐 생수병 안의 물 전체가 수증기로 변해 버리지는 않는다는 것을 알 수 있다.

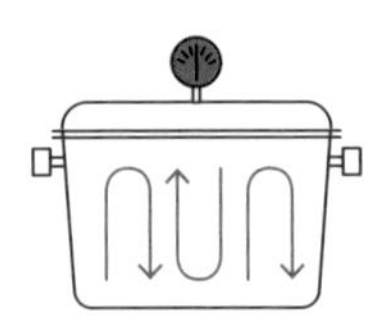

05

왜 높은 해발 고도에서는 음식이 잘 안 익을까?

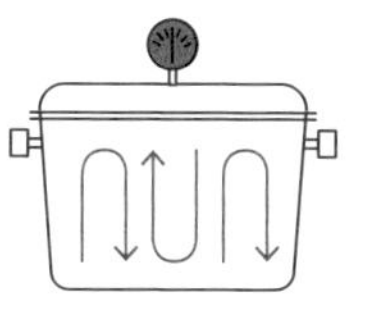

앞서 압력에 대해 언급한 내용을 다시 떠올려 보자. 기체가 압력을 형성하는 것은 기체 입자가 끊임없이 물체의 표면에 부딪히기 때문이라고 했다. 마찬가지로 액체가 증발할 때 증발도 압력을 형성하는 원인이 된다. 뚜껑이 닫힌 생수병이라는 밀봉된 환경에서 수증기는 무제한으로 존재하지 못하고 일정 수량 이내로 제한된다. 그리고 공간에 비해 과도하게 존재하는 수증기는 응결해 물이 된다. 수증기의 수량이 제한적이라는 것은 수증기가 만들어 낼 수 있는 압력도 제한되어 있다는 뜻이다. (기체의 수량은 압력의 크기에 직접 영향을 미친다. 기체 입자가 많을수록 생수병 내벽에 부딪히는 빈도도 높고 자연히 압력도 높아진다.)

그렇다면 어떤 환경에서 수증기의 수량이 가장 많을까?

바로 증발과 응결의 속도가 같을 때다! 아까와 같은 환경에서 과도한 수증기가 액상의 물로 응결한 이유는 수증기의 수량에 제한이 있었기 때문이다. 수증기는 그때 이미 '포화' 상태에 도달한 것이다. 이때의 수증기 압력을 **'포화 증기압'**이라고 한다. 그 온도에서는 수증기 압력의 최대치가 더 이상 올라갈 수 없다. 이 수치를 좀 더 높이고 싶다면 수증기의 수량을 높일 방법을 생각해야 한다. 가장 직접적인 방법은 온도를 높이는 것이다. 온도 상승으로 물의 증발 속도가 빨라지면 포화 증기압도 높아진다.

그렇게 계속 온도가 올라가면 어떤 일이 벌어질까? 열에너지를 계속 공급하면 포화 증기압이 온도와 함께 상승한다. 그리고 이내 환경의 압력(대기 압력)과 같아지면, 물은 마치 소풍을 앞둔 아이들처럼 흥분하기 시작한다. 표면에서도 증발이 시작될 뿐 아니라 바닥에서도 거품이 부글거리기 시작한다. 엇, 이 현상은 **비등** 아닌가?

외부의 압력은 액체에 가해진 제한과 같다. 액체의 온도가 충분할 정도로 높지 않으면, 증기압도 충분히 강하지 못해 그

제한을 '뚫지' 못한다. **바로 이 기압 때문에 물은 섭씨 100도가 되어야만 끓는 것이다.**

그렇다면 외부의 기압을 바꿀 수 있다면 물의 끓는점도 바뀔 수 있다는 뜻일까?

그렇다! 혹 당신은 높은 산에 올라가 본 경험이 있는가? 타이완에서 가장 높은 곳에 있는 건축물은 해발 3,844m의 옥산玉山 북쪽 봉우리에 있는 기상 관측소다. 여기서 일하는 직원들은 추울 때면 훠궈를 끓여 먹는데, 평지에서만큼 쉽지 않다고 한다. 재료와 연료를 구하기도 쉽지 않거니와, 고산에서 훠궈를 끓인다는 게 보통 힘든 일이 아니라는 것이다. 고산의 기압은 평지의 기압보다 낮다. 따라서 **산 정상에서 물이나 탕을 끓일 때는 평지에서처럼 섭씨 100도가 되지 않아도 물이 끓기 시작한다.** 해발이 1km 상승할 때마다 끓는점은 섭씨 3도씩 내려간다. 옥산 관측소의 고도에서는 **섭씨 90도 정도만 돼도 물이 끓기 시작한다.** 그러나 훠궈 안의 재료들이 제대로 익으려면 90도라는 온도로는 부족하므로 평지에서보다 더 오래 끓여야 한다.

06

압력솥만 있으면 낮은 곳을 찾아다니지 않아도 된다

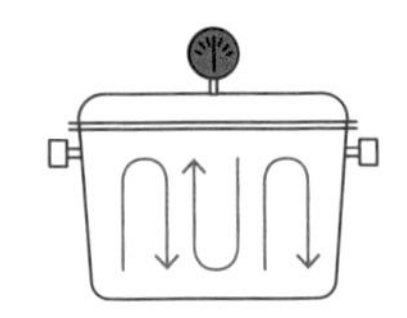

압력이 낮아지면 물의 끓는점도 낮아진다.

음식을 빨리 익히고 싶으면,
지세가 가장 낮은 곳으로 가
기압이 가장 높은 상태에서 요리하면 될까?

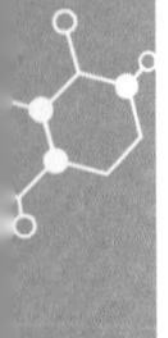

나름 합리적인 발상이다. 그런데 한 가지 아쉬운 점이 있다. 바다는 바다라서 어쩔 수 없다 치고, 현재 육지 가운데 가장 낮은 곳은 요르단, 이스라엘과 접하고 있는 사해로, 해수면으로부터 430미터 낮은 지대라고 한다. 이곳에서 물을 끓이면 끓는점

이 대략 101도 전후가 된다. 겨우 1도 차이로 음식이 빨리 익기를 기대하기엔 한계가 있다.

다행히 지금은 과학 기술이 발달해서 타이완 본토 스물한 개 길이만큼 날아 사해까지 갈 필요가 없다. 그저 당신 마음에 쏙 드는 **압력솥** 하나만 구하면 된다. **압력솥은 내부 압력을 높임으로써 끓는점을 끌어올려 음식이 빨리 익게 해 주는 도구다.**

밀폐성이 뛰어난 덮개로 압력솥을 덮으면 가열 시 내부 공기는 열을 받아 압력이 높아지지만, 솥은 밀폐되어 있어 압력이 빠져나갈 구멍이 없다. 이렇게 해서 **내부 압력이 높아질수록 끓는점도 높아지는 것**이다. 시중에 판매되는 대부분의 압력솥은 가열

압력솥의 내부 압력이 높아지면 끓는점도 높아져, 재료가 쉽게 익는다.

시 물의 온도가 110~120도까지 올라간다. 그러므로 오래 익혀야 하는 소갈비, 돼지 족발, 곰탕 같은 요리는 일반 냄비로 요리할 때보다 압력솥을 이용할 때 시간을 훨씬 단축할 수 있다.

당신도 압력솥을 사용해 본 적 있다면, 한 번쯤 이런 장면을 보았을 것이다. 소갈비 냄새가 진동해서 불을 끄고 솥뚜껑을 열기 전, 증기 배출 밸브를 열어 압력을 뺀 다음 솥뚜껑을 열어 보면, 솥 안의 국물이 여전히 끓고 있는 장면 말이다. 왜일까? 설마, 불을 제대로 끄지 않아서?

압력솥 안에서 음식이 익을 때는 끓는점이 상승하여 물의 온도가 100도를 훌쩍 뛰어넘기 때문이다! 압력을 빼면 솥 안의 끓는점은 다시 100도로 낮아지지만, 국물의 온도는 아직 높은 상태이기 때문에 계속 끓고 있는 것으로 보인다. 하지만 음식이 다 됐더라도 바로 뚜껑을 열지 않고 솥 내부의 온도가 내려갈 때까지 충분히 기다린다면, 이런 장면은 볼 수 없을 것이다.

이렇듯 압력은 어디에나 존재한다. 비록 눈으로는 압력을 볼 수 없다 해도 감각으로는 얼마든지 느끼고 경험할 수 있다. 먼 옛날에는 사물이나 관찰, 관측 등을 통해 압력의 존재를 증명하려 애썼지만, 과학 기술이 발달한 오늘날에는 눈에 보이지 않는 압력도 얼마든지 일상에 활용할 수 있게 되었다.

우리의 일상에서는 압력솥으로 압력을 요리에 이용하고 있지만, 과학사에서는 압력을 발견함으로써 여러 물리, 화학 반응을 설명할 수 있게 되었고, 기체의 압력이 인체에 미치는 영향을 연구함으로써 지구와 대기층의 한계를 벗어나 우주로 진입, 지구 너머의 세계를 탐험할 수도 있게 되었다. 먼 미래에는 지구에서 벗어난 삶도 가능해질지 모르겠다.

압력은 어디에나 있는 동시에
우리 인간에게는 미지의 세계를 탐색할 수 있도록
동력과 용기를 불어넣어 주었다.

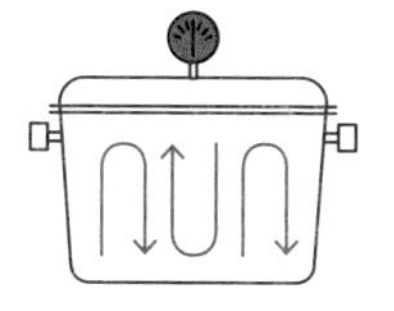

믿어라, 우리 눈에는 사실 수증기가 보이지 않는다

우리는 흔히 물이 끓을 때 뿜어져 나오는 하얀 연기가 수증기라고 생각한다. 하지만 그렇지 않다!

우리가 눈으로 수증기의 존재를 볼 수 있다면, 우리를 둘러싸고 있는 공기도 항상 흐릿하게만 보일 것이다. 수증기 역시 어디에나 존재하기 때문이다.

그렇다면 끓는 물에서 피어오르는 하얀 연기는 대체 무엇이란 말인가? 그것은 사실 액체 상태의 작은 물방울이다. 실내의 온도가 수증기 온도보다 낮으면, 100도의 수증기는 끓어오르는 동시에 찬 공기와 만나 응결되면서 곧바로 물이 된다. 이것은 부피가 아주 작은 물방울이기 때문에 위로 오르는 열기를 따라 위로 올라가면서 여기저기로 흩어진다. 하지만 이런 물방울도 잡자면 잡을 수 있다. 어렵지 않다. 냄비 뚜껑의 내벽을 보라. 수증기가 올라오다가 응결되어 맺힌 작은 물방울들을 볼 수 있을 것이다.

수증기로 흐릿해진 풍경도 더없이 아름답다.

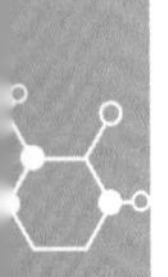

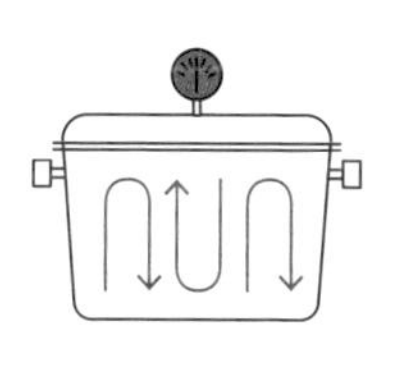

후기

와우, 이 책을 끝까지 읽으셨군요!

지금 이 후기를 읽고 계신 여러분(본문은 건너뛰고 후기부터 읽고 있어도 상관없음)께 감사드립니다. 여러분이 이 책을 통해 화학에 좀 더 가까이 다가갈 수 있었기를 바랍니다. 혹 이 책 제목에 '화학'이 있는 것만으로도 '난 화학에 대해 잘 모르니까 나중에 시간 나면 봐야지'라고 생각했을지도 모르겠습니다. 하지만 일단 책을 펴는 순간! 그것만으로도 왠지 자신을 칭찬하고 싶어지는 동시에, '그래도 성층권에 다다른다는 건 쉬운 일이 아니지'라며 고개를 저었을 수도 있겠지만요.

제가 이 책에서 우리 생활 속의 여러 어처구니없는 일들을 '디스'한 이유는 화학에 대한 사람들의 인식과 평가가 올바르게 자리 잡히기를 바라는 마음에서였습니다. 세상 모든 것에는 상

반된 것처럼 보이는 양면이 존재합니다. 화학도 마찬가지입니다. 저는 여러분이 이 책을 읽자마자 '화학, 왠지 기분 나쁜 것'에서 '화학은 좋은 것'으로 단숨에 생각이 바뀌리라고 기대하지 않습니다. 다만 화학에 대한 지금의 왜곡된 시선만은 좀 더 객관적으로 바뀌기를 바라는 마음입니다. 스펙트럼의 양극단에 있으면 다른 쪽 끝에서 전달하는 정보를 무시해 버리기 쉽습니다. 우리는 객관적인 태도를 유지하고 있어야 사실을 있는 그대로 보고 정확히 분석할 수 있습니다. 이전에 주입된 생각이나 견해에 고집스럽게 사로잡혀 있으면, 깊은 이해에 들어가기도 전에 잘못된 결론을 내리거나 함부로 단정 짓기 쉽습니다. 그런 의미에서 저는 현재의 대중적 과학 교육의 현실이 매우 안타깝습니다. 과학과 관련된 정책을 수립하거나 토론할 때에도 과학적으로 부정확한 기초 위에서 벌어지는 논쟁이 너무나 소모적입니다.

우리의 생활에는 화학과 관련된 현상이 아주 많습니다. 이 책이 여러분에게 화학의 흥미로운 문에 다다르는 오솔길이 되었으면 좋겠습니다. 이 책은 화학에 어느 정도 관심이 있지만 어떻게 다가가야 할지 모르겠는 일반 대중을 위한 것이어서 다룬 지식의 깊이에도 한계가 있습니다. 좀 더 깊이 있는 지식을 원하거나 과감하게 이론에 접근해 보고 싶다면, 다양하게 검색

헤 보는 것을 추천합니다.

뭐든 알아보려면 도서관에 가야만 했던 사반세기 이전과 달리, 지금은 필요한 정보를 얻기가 굉장히 쉬워졌습니다. 반면 정보에 접근하기 너무 쉬워진 탓인지, 진위를 분별하는 일은 오히려 어려워졌습니다. 그래서 저는 공신력 있는 출처의 정보만을 참고하고 있습니다. 그 분야의 진짜 전문가들은 신뢰할 만한 문헌을 인용할 뿐 사람들의 감정을 들썩이게 하는 말은 지어내지 않기 때문입니다. 여러분도 어떤 신뢰할 만한 자료를 발견했다면, 축하합니다. 앞으로 더 많은 공신력 있는 자료를 접하게 될 가능성이 높습니다. 공신력 있는 여러 전문가의 관점이 모두 일치한다면, 그 관점은 상당히 정확하다고 말할 수 있습니다. 마음 놓고 그 고품질의 지식을 자신의 머리에 담아 두면 됩니다.

감히 이 책도 그런 고품질의 독서물이라고 말할 수 있을지는 잘 모르겠습니다만, '화학의 신'이 무슨 말을 하고 싶어 하는지 듣고자 하는 사람이 많다는 것을 화학의 신도 알고 있다면, 이 책이 크나큰 위로와 기쁨이 되었기를 바랍니다. 삼투압이 어떻게 녹두 탕을 맛있게 만드는지는 알지 못하더라도 이 책을 읽으면서 '아, 그렇구나!' 하는 느낌이 들었다면, 화학의 신은 흐뭇하게 고개를 끄덕이고 미소 지으며 여러분이 더욱더 이 세상의 오묘한 비밀을 알아 갈 수 있도록 두 팔 벌려 환영해 줄 것입니다.

참고

이렇게 재밌는 화학, 교과서에도 있을까?

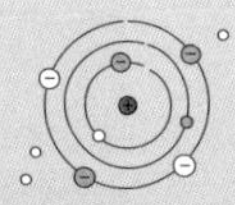

교과 과정	본문 찾아가기	교과 연계 내용
초등학교 5학년 — 용해와 용액	PART 3	농도는 용액을 구성하는 성분의 양으로, PPM, PPB는 '극소량'의 농도를 표기하는 단위이다.
초등학교 6학년 — 산과 염기	PART 5	용액 안에 수소 이온이 많으면 산성, 수산화 이온이 많으면 염기성이 된다. 어느 한 쪽도 우세가 아니면 중성이라고 한다.
초등학교 6학년 — 연소와 소화	PART 6	산화는 원자에서 전자가 빠져나가는 과정이다. 단시간 내에 많은 열에너지를 방출하는 격렬한 산화 반응을 연소라고 한다.
중학교 1학년 — 분자의 운동	PART 10	물질의 녹는점과 끓는점은 외부 압력의 변화에 따라 달라진다.
중학교 2학년 — 물질의 구성	PART 1	원자는 전자, 양성자, 중성자로 이루어져 있다. 이온은 양성자의 수와 전자의 수가 달라져서 양전하나 음전하를 갖게 된 원자나 분자를 가리킨다.
중학교 3학년 — 물질의 특성	PART 7	계면 활성제는 물과 기름 사이에서 가교가 되어 기름때를 제거하고, 표면 장력을 약하게 만든다.
중학교 3학년 — 물질의 특성	PART 9	탄산수를 만들기 위해서는 큰 압력을 가해서 이산화 탄소를 물에 용해시키는데, 물의 온도가 높아질수록 용해되는 기체의 양은 줄어든다.
고등학교 1학년 — 에너지와 환경	PART 2	핵분열 연쇄반응을 통해 발생한 에너지로 발전기를 돌려 전기를 생산하는 원자력 발전은 방사능 유출 위험, 핵폐기물 처리 등의 논란이 있다.

※ 교과 과정 및 내용은 교육과정 개편에 따라 달라질 수 있습니다.

원소의 주기율표

비금속 / 알칼리금속 / 알칼리토금속 / 전이금속 / 준금속
전이후금속 / 할로젠 / 불활성기체 / 란타넘족 / 악티늄족

1 H 수소																	2 He 헬륨
3 Li 리튬	4 Be 베릴륨											5 B 붕소	6 C 탄소	7 N 질소	8 O 산소	9 F 플루오린(플루오르)	10 Ne 네온
11 Na 나트륨/소듐	12 Mg 마그네슘											13 Al 알루미늄	14 Si 규소	15 P 인	16 S 황	17 Cl 염소	18 Ar 아르곤
19 K 칼륨/포타슘	20 Ca 칼슘	21 Sc 스칸듐	22 Ti 타이타늄/티타늄	23 V 바나듐	24 Cr 크로뮴(크롬)	25 Mn 망가니즈(망간)	26 Fe 철	27 Co 코발트	28 Ni 니켈	29 Cu 구리	30 Zn 아연	31 Ga 갈륨	32 Ge 저마늄/게르마늄	33 As 비소	34 Se 셀레늄(셀렌)	35 Br 브로민(브롬)	36 Kr 크립톤
37 Rb 루비듐	38 Sr 스트론튬	39 Y 이트륨	40 Zr 지르코늄	41 Nb 나이오븀(니오브)	42 Mo 몰리브데넘	43 Tc 테크네튬	44 Ru 루테늄	45 Rh 로듐	46 Pd 팔라듐	47 Ag 은	48 Cd 카드뮴	49 In 인듐	50 Sn 주석	51 Sb 안티모니(안티몬)	52 Te 텔루륨(텔루르)	53 I 아이오딘(요오드)	54 Xe 제논/크세논
55 Cs 세슘	56 Ba 바륨	57-71 La 란타넘족	72 Hf 하프늄	73 Ta 탄탈럼(탄탈)	74 W 텅스텐	75 Re 레늄	76 Os 오스뮴	77 Ir 이리듐	78 Pt 백금	79 Au 금	80 Hg 수은	81 Tl 탈륨	82 Pb 납	83 Bi 비스무트	84 Po 폴로늄	85 At 아스타틴	86 Rn 라돈
87 Fr 프랑슘	88 Ra 라듐	89-103 Ac 악티늄족	104 Rf 러더포듐	105 Db 더브늄	106 Sg 시보귬	107 Bh 보륨	108 Hs 하슘	109 Mt 마이트너륨	110 Ds 다름슈타튬	111 Rg 뢴트게늄	112 Cn 코페르니슘	113 Nh 니호늄	114 Fl 플레로븀	115 Mc 모스코븀	116 Lv 리버모륨	117 Ts 테네신	118 Og 오가네손

란타넘족 →	57 La 란타넘(란탄)	58 Ce 세륨	59 Pr 프라세오디뮴	60 Nd 네오디뮴	61 Pm 프로메튬	62 Sm 사마륨	63 Eu 유로퓸	64 Gd 가돌리늄	65 Tb 터븀/테르븀	66 Dy 디스프로슘	67 Ho 홀뮴	68 Er 어븀/에르븀	69 Tm 툴륨	70 Yb 이터븀/이테르븀	71 Lu 루테튬
악티늄족 →	89 Ac 악티늄	90 Th 토륨	91 Pa 프로탁티늄	92 U 우라늄	93 Np 넵투늄	94 Pu 플루토늄	95 Am 아메리슘	96 Cm 퀴륨	97 Bk 버클륨	98 Cf 칼리포늄	99 Es 아인슈타이늄	100 Fm 페르뮴	101 Md 멘델레븀	102 No 노벨륨	103 Lr 로렌슘